电力工程技术与电力系统应用

邵 全 杨 汀 张建君 主编

汕头大学出版社

图书在版编目（CIP）数据

电力工程技术与电力系统应用 / 邵全，杨汀，张建君主编 . -- 汕头：汕头大学出版社，2024. 6. -- ISBN 978-7-5658-5320-3

Ⅰ . TM7

中国国家版本馆 CIP 数据核字第 20246QU944 号

电力工程技术与电力系统应用
DIANLI GONGCHENG JISHU YU DIANLI XITONG YINGYONG

主　　编：邵　全　杨　汀　张建君

责任编辑：黄洁玲

责任技编：黄东生

封面设计：刘梦杏

出版发行：汕头大学出版社
　　　　　广东省汕头市大学路 243 号汕头大学校园内　　邮政编码：515063

电　　话：0754-82904613

印　　刷：廊坊市海涛印刷有限公司

开　　本：710mm×1000mm　1/16

印　　张：9.75

字　　数：165 千字

版　　次：2024 年 6 月第 1 版

印　　次：2024 年 7 月第 1 次印刷

定　　价：52.00 元

ISBN 978-7-5658-5320-3

编委会

前言 preface

　　随着经济的快速发展，我国的电气自动化产业发展十分迅猛，很多行业已经开始将自动化控制视为生产中的重要设备技术，成为生产力扩大的有力保障。一般来说，电气自动化控制系统在操作和运用时，需要将准确的数值进行记录，将量变和系统的自动化控制相结合。

　　社会生产对于电力的需求不断提高，以往传统的电力系统早已经不能满足当前的需求，电力系统自身在分布、系统保护以及安全方面都开始逐步暴露出问题，这给我国电力系统的发展造成了一定的影响，这不仅不利于电力系统的稳定使用，还有可能造成较大的安全事故。

　　随着电气自动化技术的不断发展，电气自动化技术在电力系统的多个环节中都有明显的运用，而且将电气自动化技术融入传统的电力系统可以根据运行情况建立相应的管理模式，这样能够及时获取发电厂和变电站的运行信息，技术人员可以通过数据观测电力运行情况，减少一些其他问题的产生。这样使得电力系统具有较强的可控性，使得电力系统更加稳定与安全。

　　在电力系统正常运行过程中，维护工作尤为重要，同时也是日常的工作难点，电力系统自身比较复杂，而且涉及多个方面。但是电气自动化技术的融入，能够加快电力系统分析的速度，从而在短时间内分析出电力系统中存在的问题，极大地提高电力系统维护工人的便利性。另外，还可以利用网络信息技术对电力系统形成全程监控，以此确保电力系统的安全性。电力自动化技术应用在当前电力系统中能够有效提高其整体水平，而在电力系统运行以及维护的过程中大多数情况下都是依赖信息技术展开。因此，电气自动化技术的融入可以使得电力系统的功能以及性能有效增强，同时还便于做好电力系统的各方面管理，给相应的工作人员带来极大的便利，同时也提高电力系统的使用效率，以此确保我国电力行业的整体发展。

　　本书围绕"电力工程技术与电力系统应用"这一主题，由浅入深地阐述了电力工程技术概述、电力工程施工技术，系统分析了电力系统中的电网工程、电网智慧运营数字化新技术等内容，以期为读者理解与践行电力工程技术与电力系统应用提供有价值的参考和借鉴。本书内容翔实、条理清晰、逻辑合理，兼具理论性与实践性，适用于国土空间规划与城市更新专业的师生及相关从业人员。

　　由于作者水平有限，书中不足之处在所难免，恳请广大读者批评指正。

目　　录　contents

第一章 电力工程技术概述

第一节 电力工程常用材料

一、杆塔的基础类型与构造

(一) 钢筋混凝土杆基础

钢筋混凝土杆也称为电杆、水泥杆，其基础分为埋杆基础和"三盘"基础。

埋杆基础即地下部分的水泥杆，它承受下压力和倾覆力矩。10kV 电力线及部分 35kV 电力线的电杆采用这类基础。不同的电杆高度，有不同的埋深规定。

混凝土底盘、卡盘、拉线盘与埋设于地下的水泥杆组成"三盘"基础。"三盘"的作用如下：

底盘：安装在电杆的底部，承受电杆的下压力。

卡盘：用 U 型抱箍固定在电杆上，用来增强电杆的抗倾覆能力。通常分为上卡盘和下卡盘，下卡盘紧靠底盘，用 U 型抱箍固定在电杆根部；上卡盘安装在电杆埋深的 1/3 处。

拉线盘：用来固定电杆的拉线。

底盘、卡盘、拉线盘在加工场预制好之后运往施工现场安装，所以也称为预制基础。但在地形条件差或底盘和拉线盘规格较大、运输不便的情况下也采用现场浇制而成。

(二) 铁塔基础

（1）现浇阶梯直柱混凝土基础。现浇阶梯直柱混凝土基础是各种电压等级线路广泛使用的一种基础型式。它又可分为素混凝土直柱基础和钢筋混凝土直柱基础两种。基础与铁塔的连接均采用地脚螺栓。

（2）现浇斜柱混凝土基础。根据斜柱断面又可分为等截面斜柱混凝土基础、变截面斜柱混凝土基础、偏心斜柱混凝土基础。基础与铁塔的连接有两种方式：地脚螺栓式和主角钢插入式。

（3）桩式基础。桩基础的形状为直径800~1200mm的圆柱，每个基础腿可用单桩或多根桩组成。

（4）岩石基础。将岩石凿成孔，把地脚螺栓放进去，然后沿地脚螺栓周围灌注砂浆与岩石黏结成整体。

（5）装配式基础。钢筋混凝土预制构件装配而成。

（6）拉线塔基础。拉线铁塔基础采用现浇阶梯式混凝土基础，基础的顶部为球铰。

二、杆塔

（一）杆塔的种类

架空电力线路的杆塔是用来支持导线和避雷线的，以保证导线与导线之间、导线与避雷线之间、导线与地面或与交叉跨越物之间所需的距离。

混凝土杆和铁塔统称为杆塔。按照杆塔在线路上的使用情况，杆塔种类分为以下几种。

直线杆塔：用于线路的直线地段，采用悬垂绝缘子串悬挂导线、避雷线。

耐张杆塔：用于承受导线、避雷线的张力，在线路上每隔一定距离立一耐张杆塔，以便于施工紧线和限制直线杆塔倾倒范围。耐张杆塔采用耐张绝缘子串锚固导线和避雷线。

转角杆塔：用于线路转角的地方。一般耐张杆塔兼做转角杆塔。

终端杆塔：用于发电厂或变电站的线路起、终点处。同样采用耐张绝缘子串锚固导线和避雷线。

换位杆塔：用于线路换位的地方。有直线换位杆塔和耐张换位杆塔。如果按照杆塔的外形或导线在杆塔上的排列方式来区分杆塔，则钢筋混凝土杆可分为单杆和双杆（又称门形杆）。而铁塔可分为上字形铁塔、猫头形铁塔、酒杯形铁塔、干字形铁塔和鼓形铁塔。

(二) 钢筋混凝土杆

钢筋混凝土杆的制造方法：将钢筋绑扎成圆筒形骨架放在钢模内，然后往钢模里浇注混凝土，再将钢模吊放在离心机上高速旋转，利用离心机的作用，使混凝土和钢筋成为空心圆柱的整体，即为钢筋混凝土杆。

钢筋混凝土杆根据外形可分为等径杆和锥形杆两种。等径杆的长度有 3.0m、4.5m、6.0m、9.0m 等，它们的直径有 300mm、400mm、500mm 三种。

锥形杆的锥度为 1/75，杆段规格尺寸较多，根据工程需要，利用单根或不同长度的杆段组合成所需高度。

(三) 杆塔的连接

铁塔构件的连接采用螺栓，主材与主材的连接采用角钢 (俗称包铁) 或联板，斜材、水平材与主材的连接采用联板。

钢筋混凝土杆的连接方法是，将杆段运到杆位后进行排杆，将杆段端部的钢圈焊接成所需要的整根电杆；也有用法兰盘连接。

三、导线和避雷线

(一) 导线

1. 导线的型号及规格

架空电力线路的导线有铝绞线、钢芯铝绞线、铝合金绞线、钢芯铝合金绞线等。钢芯铝绞线以钢绞线股为芯，铝线股为外层绞制而成，其表示方法为 LGJ-££/££，L 代表铝，G 代表钢，J 代表绞线，££/££ 代表铝股标称截面 / 钢芯标称截面。如 LGJ-240/30 表示钢芯铝绞线，铝股标称截面为 240mm^2，钢芯标称截面为 30mm^2。

2. 相分裂导线

低压电力线路一般每相采用一根导线，三相采用三根导线。220kV 及以上电压等级的线路常采用相分裂导线。相分裂导线是指每相采用相同型号规格的 2 根、4 根、6 根、8 根导线，每根导线标为相分裂导线的子导线 (或称为分裂导线)，子导线之间的距离称为分裂导线的间距。

采用分裂导线可以提高线路输送容量，减少线路电晕损耗和降低对无线电的干扰。

(二) 避雷线

架空送电线路的避雷线也称为架空地线，一般采用钢绞线或铝包钢绞线。钢绞线用镀锌高碳钢丝绞制而成，机械强度较大，有一定的防腐性能，表示方法为 GJ-££，G 代表钢，J 代表绞线，££ 代表钢芯标称截面。如 GJ-100 表示钢绞线，标称截面为 100mm²。常用钢绞线有 7 股和 19 股的。

四、金具和绝缘子

(一) 线路金具

架空电力线路的金具，是用于将绝缘子和导线或避雷线悬挂在杆塔上的零件，以及用于导线、避雷线的接续和防振或拉线紧固、调整等的零件。按照用途的不同，线路金具分为六大类。

悬垂线夹：用于握住导线或避雷线，在直线杆塔悬挂导线或避雷线。

耐张线夹：用于耐张杆塔固定导线或避雷线。

连接金具：用于连接绝缘子和线夹，并与杆塔连接。连接金具的形式多种多样。

接续金具：用于导线和避雷线的连接。

防护金具：也称为保护金具。主要有防振锤、间隔棒、均压环、屏蔽环、预绞丝护线条等。

拉线金具：用于拉线杆塔的固定。

(二) 绝缘子

1.绝缘子的种类和规格

绝缘子的作用是悬挂导线并使导线与杆塔之间保持绝缘。绝缘子不但要具有较高的机械强度，而且要有很高的电气绝缘性能。配电线路常用针式绝缘子、棒式绝缘子或瓷横担绝缘子。送电线路常用盘形悬式绝缘子。盘形悬式绝缘子的型号规格用拼音字母加数字表示，如 XP-70、XP-100、XP-160 等。其中 X 代表悬式绝缘子；P 代表机电破坏负荷；70 代表额定机电破坏负荷数，单位为 kN。线路通过污秽地区时，常采用防污绝缘子。制造绝缘子的材料，有瓷质材料和钢化玻璃，用瓷质材料制造的称为瓷绝缘子，用钢化玻璃制造的称为钢化玻璃绝缘子。目前送电线路还采用硅橡胶有机复合绝缘子。

2. 绝缘子串的组装形式

根据线路电压的高低和使用情况，可用不同数量的绝缘子和金具组装成各种绝缘子串。单串悬垂绝缘子串用在直线杆塔上。单串耐张绝缘子串，用在耐张或转角及终端杆塔上，承受导线的张力。单串耐张绝缘子串抗拉强度不够时，可采用双串耐张绝缘子串。

第二节　电力工程专业技术

一、测量工具和仪器

(一) 测量工具

钢卷尺，测量常用的长钢卷尺有 30m 和 50m 两种，短钢卷尺有 2m、3m 和 5m，钢卷尺的测量精度较高。

皮尺，常用来丈量距离，用于测量精度要求不高的场合。

花杆，测量时标立方向所用。用红白相间的油漆涂刷杆身，以便于观测时容易发现。

塔尺，是视距测量的重要工具。全长 5m，由三节组成，使用时一节节抽出，用完后缩回原位。用塔尺可以读出米、分米、厘米、毫米 (估读) 四位数。

现在市场上供应的花杆和塔尺用铝合金制成，体积小、强度高、不易变形。

(二)测量仪器

经纬仪：经纬仪的种类很多，但主要结构大致相同。主要部分有望远镜、垂直度盘、水平度盘、水准器、制动器、基座、三角支架等。

望远镜是经纬仪的主要部件，由物镜、目镜和十字丝组成，十字丝是在玻璃片上刻成互相垂直的十字线，其上、下两根横线分别称为上线和下线（也称为视距丝），竖线是对准花杆或目标的。望远镜可以上下方向（垂直方向）或左右方向（水平方向）转动。测量时将望远镜对准目标，旋转目镜和对光螺栓，在镜筒内即可清晰地对准目标。经纬仪上的水平度盘和垂直度盘，用以读取水平转角和垂直角的角度。用以调平仪器的基座和脚螺旋，可通过仪器上的水准器判断仪器是否调平。在测量中经纬仪应用最广，用它可以测量水平角度、垂直角度（俯角或仰角）、距离（视距）、高程、确定方向等。

二、经纬仪的安置与瞄准

(一)对中

使经纬仪中心与测站点（标桩上的小铁钉）在同一垂直线上称为对中。光学经纬仪对中时，先松动仪器连接螺栓，移动仪器，使对光器中的小圆圈与标桩上的小铁钉重合为止。

(二)整平

利用三只整平螺旋和水准管，使仪器的竖轴垂直，水平度盘处于水平位置称为整平。先使水准管垂直于任意两个整平螺旋，双手同时向内或向外旋转整平螺旋，使水准管气泡居中，然后将经纬仪旋转90°，使水准管垂直于前两个整平螺旋的连线，旋转第三个整平螺旋使气泡居中。整平操作要反复进行，直至度盘转至任何位置时，水准管的气泡仍然居中为止。实际工作中，允许气泡有不超过一格的偏差。

(三)瞄准

用望远镜的十字线交点瞄准测量目标称为瞄准。方法是先调节目镜使十字线清晰，然后放松水平度盘和望远镜的制动螺旋，使望远镜能上下左右旋转。瞄准目标时，先利用镜筒上的照准器大致对中目标，再调节物镜使物象清晰，通过望远镜寻找目标。当目标找到后，将水平度盘和望远镜的制动螺旋拧紧，再旋转微动螺旋，使十字丝交叉点准确地瞄准目标。测量时将花杆直立于观测点上，望远镜中的十字线交点要对准花杆下部尖端或使十字线的竖线平分花杆。

三、白棕绳

（一）白棕绳的规格

白棕绳是用龙舌兰麻（又称剑麻）捻制而成，其抗张力和抗扭力较强，滤水性好，耐磨且富有弹性，受到冲击拉力不易断裂，所以在线路工程中常用来绑扎构件、起吊较轻的构件工具等。

（二）白棕绳的允许拉力

白棕绳作为辅助绳索使用，其允许拉力不得大于 $0.98kN/cm^2$（$100kgF/cm^2$）。

（三）使用白棕绳的安全要求

白棕绳用于捆绑或在潮湿状态下使用时，应按其允许拉力的一半计算。霉烂、腐蚀、断股或损伤者不得使用。

白棕绳穿绕滑轮或卷筒时，滑轮或卷筒的直径应大于白棕绳直径的 10 倍，以免白棕绳受到较大的弯曲应力，降低强度，同时，也可减少磨损。

白棕绳在使用中如发现扭结应设法抖直，同时应尽量避免在粗糙构件上或石头地面上拖拉，以减少磨损。绑扎边缘锐利的构件时，应衬垫麻片、胶皮、木板等物，避免棱角割断绳纤维。

白棕绳不得与油漆、碱、酸等化学物品接触，同时应保存在通风干燥的地方，防止腐蚀、霉烂。

四、钢丝绳

(一) 钢丝绳的规格

起重用的钢丝绳结构为 6×19 或 6×37，即由 19 根或 37 根钢丝拧绞成钢丝股，然后由 6 根钢丝股和一根浸油的麻芯拧成绳。线路施工最常用的是 6×37 钢丝绳。

(二) 钢丝绳使用须知

使用钢丝绳应按实际工作情况，合理选择型式和直径。

钢丝绳的安全系数、动荷系数、不均衡系数不小于规定。

钢丝绳的端部用绳卡 (元宝卡子) 固定连接时，绳卡压板应在钢丝绳主要受力的一边，且绳卡不得正反交叉设置，绳卡间距不应小于钢丝绳直径的 6 倍。

钢丝绳插接的绳套或环绳，其插接长度应不小于钢丝绳直径的 15 倍，且不得小于 300mm。插接的钢丝绳绳套应做 125% 允许负荷的抽样试验。

使用钢丝绳时，应避免拧扭 (金钩)。通过滑车、磨芯、滚筒的钢丝绳不得有接头。通过的滑车槽底不宜小于钢丝绳直径的 11 倍，通过机动绞磨的磨芯不宜小于钢丝绳直径的 10 倍。

钢丝绳报废标准：①钢丝绳有断股者。②钢丝绳磨损或腐蚀深度达到原直径的 40% 以上，或受过严重火烧或局部电烧者。③钢丝绳压扁变形或表面毛刺严重者。④钢丝绳的断丝不多，但断丝增加很快者。⑤钢丝绳笼形畸形、严重扭结或弯折者。

钢丝绳使用后应及时除去污物；每年浸油一次，存放在通风干燥的地方。

五、滑轮

(一) 滑轮的分类

按滑轮的数目来分：①单滑轮：只有一个滚轮。②复滑轮：由两个以上的滚轮组成。

按滑轮的作用来分：①定滑轮：在使用中固定在某一位置不动，用来改变重物的受力方向。定滑轮中常用的还有转向滑轮，其两端绳索基本上为90°。②动滑轮：动滑轮在牵引重物时，其随重物同时做升降运动。③滑轮组：把定滑轮和动滑轮用绳索连接起来使用，称为滑轮组。

(二) 使用起重滑轮的注意事项

滑轮的起重量标在铭牌上，可按起重量选用。

使用前应检查滑轮的轮槽、轮轴、夹板和吊钩等各部分是否良好。

滑轮组的绳索在受力之前要检查是否有扭绞、卡槽等现象。滑轮收紧后，相互间距离应符合：牵引力 30kN 以下的滑轮组不小于 0.5m；牵引力 100kN 以下的滑轮组不小于 0.7m；牵引力 250kN 以下的滑轮组不小于 0.8m。

六、抱杆

(一) 抱杆的种类和形状

1. 角钢组合抱杆

角钢组合抱杆采用分段电焊结构，各段间通过螺栓连接而成。主材一般为角钢，斜材、水平材用角钢或钢筋。组合抱杆中间段为等截面结构，上下端为拔梢结构。标准节有 350mm、500mm、650mm、700mm、800mm 断面等多种规格。为了便于运输及适应各种不同杆塔型组立施工的需要，组合抱杆的长度有 2m、2.5m、3m、3.5m、4m、5m、6m 等多种。

2. 钢管抱杆

采用薄壁无缝钢管，分段插接组合或外法兰连接。

3. 铝合金组合抱杆

铝合金组合抱杆采用分段铆接结构，主材、斜材、水平材为铝合金，段与段间结合部位为角钢。各段间通过螺栓连接而成。其他部分与角钢组合抱杆相同，但整体重量轻。

4. 铝合金管抱杆

采用铝合金管，两端组合部分采用钢构件，采用外法兰螺栓连接。

(二) 使用抱杆的注意事项

抱杆按厂家标定的允许起吊重量选用。

金属抱杆整体弯曲超过杆长的 1/600 或局部弯曲严重、磕瘪变形、表面腐蚀严重、裂纹、脱焊的，以及抱杆脱帽环表面有裂纹、螺栓变形或螺栓缺少的，均严禁使用。

铝合金抱杆在装卸车过程中，要防止铆钉被磨损造成杆件脱落。抱杆装卸过程不得乱掷，以免变形损坏。

七、绞磨

(一) 手推绞磨

手推绞磨由磨轴、磨芯 (卷筒) 以及磨架和磨杠组成。将牵引的钢丝绳在磨芯上缠绕，磨尾绳用人力拉紧，然后人推磨杠使磨轴和磨芯转动，钢丝绳即被拉紧进行起吊或牵引工作。

(二) 使用手推绞磨注意事项

磨绳在磨芯上缠绕不少于 5 圈，磨绳的受力端在下方，人拉的一端在上方，并使磨芯逆时针方向转动。拉磨尾绳不少于 2 人，人要站在距绞磨 2.5m 以外的地方拉绳，人不得站在磨绳圈的中间。

松磨时，推磨的人要把磨杠反方向转圈，切不可松开磨杠让其自由转动。

当绞磨受力后，不得用放松尾绳的方法松磨。

(三) 机动绞磨

机动绞磨由汽油 (柴油) 发动机、变速箱、磨筒和底座等组成。机动绞磨采用汽油 (柴油) 发动机作动力，经变速箱带动磨芯卷筒旋转以牵引钢丝绳。机动绞磨有 30kN 和 50kN 等规格，适用于立塔、紧线作业。

八、地锚、桩锚和地钻

(一) 地锚

一般用钢板焊接成船形，表面涂刷防锈漆防腐。在地锚的拉环上连接钢丝绳套或钢绞线套，将地锚埋入坑中，作为起重牵引或临时拉线的锚固。

(二) 桩锚

桩锚是把角钢、圆钢或钢管斜向打入地中，使其承受拉力。采用桩锚施工简单，但其承载拉力小。为了增加承载拉力，可以在单桩打入地中后，在其埋深的1/3处加埋一根短横木，也可以用两根或三根桩锚前后打入地中后，上端用钢绳套连接在一起以增大承载拉力。

(三) 地钻

地钻是在一根粗钢筋上焊接钢板叶片做成。使用时，上端环中穿入木杠旋转，使地钻钻入地中。地钻具有不用开挖土方、施工快速的优点，在一般黏土土质中使用效果好。

第二章　电力工程施工技术

第一节　变配电工程项目土建施工技术

一、基础施工

基础是建筑物最下部的承重构件，承担建筑的全部荷载，并把这些荷载有效地传给地基。地基可分为天然基础和人工地基两类。天然地基是指天然状态下即可满足承载力要求、不需要人工处理的地基。当天然岩土体达不到上述要求时，可以对地基进行补强和加固。经人工处理的地基称为人工地基。

变配电工程一般常见的基础类型为天然基础、换填地基、强夯地基、水泥土搅拌桩基础、锤击、静压预应力管桩。

（一）换填地基

工艺流程：施工准备→分层铺料→振夯压实→质量检验。

1. 施工准备

（1）材料准备：①按照砂和砂石地基施工图纸或规范要求对原材料分批次进行检验，合格后方可使用。在砂和砂石垫层施工中，砂宜用颗粒级配良好、质地坚硬的中砂或粗砂。当用细砂、粉砂时，应掺加粒径 20～50mm 的卵石（或碎石），但要分布均匀。砂中不得有杂草、树根等有机杂质，含泥量小于 5%，兼作排水垫层时，含泥量不得超过 3%。②砂砾石宜用自然级配的砂砾石（或卵石、碎石）混合物，颗粒应在 50mm 以下，其含量应在 50% 以内，不得含植物残体、垃圾等杂物，含泥量小于 5%；垫层施工应根据工程量情况适当配置夯实用的平板振动器或立式夯机。

（2）技术准备：①严格按照规定做好图纸会审，同时对施工人员进行技术交底并形成书面记录。②施工前应具有地基验槽（坑）检查记录，砂、石等原材料检验报告，砂、石拌制配合比例和压实密实度要求等。③主要机具准备：主要机具设备有搅拌机、平板振动器或立式夯机、灰铲等。

2. 分层铺料

（1）基坑开挖到设计标高后，检查基坑尺寸及中线，如果设计图纸对砂及砂石垫层有具体要求时，照施工图执行。如果图纸没有要求时，参照构造要求执行即垫层既要求有足够的厚度（一般为 0.5～2.5m，但不宜大于 3m），以置换可能被剪切破坏的软弱土层；同时又要有足够宽度（垫层顶宽一般较基础底面每边大 0.4～0.5m，底宽可和它的顶宽相同，也可和基础底宽相同）以防止垫层向两侧挤出。

（2）为保证基坑周围边坡稳定，应考虑适当放坡；并应将基层表面浮土、淤泥、杂物清除干净，满足基坑铺设砂及砂垫层的要求。

（3）垫层深度不同时应按先深后浅的顺序施工，土面应挖成踏步或斜坡搭接；分层铺设时，接头应做成阶梯形搭接，每层错开 0.5～1.0m，并注意充分捣实。

（4）按照砂及砂石比例称量后充分拌和，垫层应分层铺设，分层夯实或压实。为控制每层铺设厚度，应预先在基坑内设置标高控制线，并按标高控制线对砂石垫层厚度进行检查。

（5）当采用碾压法捣实，每层铺设厚度为 300mm，砂石最优含水率为 10% 左右；采用机械夯实，每层铺设厚度为 200mm，砂石最优含水率为 10% 左右；人工级配的砂石，应把砂石拌和均匀后，再铺设夯压。

（6）垫层铺设时，严禁扰动垫层下卧层及侧壁的软弱土层，防止其被践踏、受冻或受浸泡，降低其强度。如垫层下有厚度较小的淤泥或泥质土层，在压实荷载下抛石能挤入该层底面时，可采取挤淤处理（先在软弱土面上堆填块石、片石等，然后将其压入置换和挤出软弱土）再做垫层。

（7）垫层铺设完毕后，即可进行下道工序施工，严禁小车及人在砂层上行走，必要时应在垫层上铺板做通道。

3. 振夯压实

（1）振压时要做到交叉重叠，防止漏振、漏压；夯实、碾压的遍数和振实的时间应通过试验确定。

（2）当采用水撼法或振捣法施工时，以振捣棒振幅半径的 1.75 倍为间距

（一般为 400 ~ 500mm）捅入振捣，依次振实，以不再冒气泡为准，直至完成；同时采取措施做到有控制地注水和排水。垫层接头应重复振捣，捅入或振动棒振完所留孔洞应用砂填实；在振动首层的垫层时，不得将振动棒插入原土层或基槽边部，以免软土混入砂垫层而降低垫层的强度。当用细砂作垫层材料时，不宜使用振捣法或水撼法，以免产生液化现象。

（二）强夯地基

工艺流程：施工准备→布置夯点→机械就位→夯锤对准夯点夯实→低能量夯实表面松土→质量检验。

1. 施工准备

（1）技术准备：①应有工程地质勘察报告、强夯场地平面图及设计对强夯效果要求等技术资料。②编制施工组织设计或施工方案（措施）。③机具设备就位后应进行"试夯"，以便确定有关施工参数。④清理所有障碍物及地下管线、初步平整强夯场地并对测量基准点交接、复测及验收。⑤严格按照规定做好图纸会审，同时对施工人员进行技术交底并形成书面记录。

（2）主要机具准备：主要机具设备有大吨位（10 ~ 40t）夯锤、起重能力（>15t）的履带或轮胎式起重机、自动脱钩装置及用于整平夯坑的推土机。

2. 布置夯点

（1）夯击点位置可根据基底平面形状，采用等边三角形、等腰三角形或正方形布置。第一遍夯击点间距可取夯锤直径的 2.5 ~ 3.5 倍，第二遍夯击点间距位于第一遍夯击点之间；以后各遍夯击点间距可适当减小。对处理深度较深或单击夯击能较大的工程，第一遍夯击点间距宜适当增大。

（2）强夯处理范围应大于建筑物基础面积，每边超出基础边缘的宽度宜为基底下设计处理深度的 1/2 ~ 2/3，并不宜小于 3m。

3. 机械就位

当强夯场地初步平整并把夯点布置完成后，可以安排强夯机械进场和就位。强夯机械必须符合夯锤起吊重量和提升高度要求，并设置安全装置以防止夯击时起重机臂杆在突然卸重时发生后倾和减少臂杆振动；安全装置一般采用在起重机臂杆的顶部用两根钢丝绳锚系到起重机前方的推土机上。

4.夯锤对准夯点夯击

(1)施工时必须严格按照"试夯"确定的技术参数进行控制。

(2)起重机就位后,使夯锤对准夯点位置;同时测量原地面高程和夯前锤顶标高。强夯开始前应先检验夯锤是否处于中心,若有偏心时,采取在锤边焊钢板或增减混凝土等办法使其平衡,防止夯坑倾斜。

(3)将夯锤起吊到预定高度,夯锤脱落自由下落后放下吊钩,落锤要保持平稳,夯位正确;如错位或坑底倾斜度过大,应及时用砂土将坑整平,并补夯后方可进行下一道工序。

(4)每夯击一遍后,用水准仪测量控制夯击深度并测出场地平均下沉量,然后,用砂土将坑整平,方可进行下一遍夯实,施工平均下沉量必须符合设计要求。

(5)强夯施工中会对地基及周围建筑物产生一定振动,夯击点宜距现有建筑物15m以上。如间距不足时,可在夯点与建筑物之间开挖隔振沟带,其沟深度要超过建筑物基础深度,并有足够长度,把强夯场地包围起来。

(6)在淤泥及淤泥质土地基强夯时,通常采用开挖排水盲沟或在夯坑内回填粗骨料,进行置换强夯。

5.低能量夯实表面松土

每夯击完成一遍后,用推土机整平场地,放线定位即可接着进行下一遍夯击;当最后一遍夯击完成后,采用低能量满夯场地一遍,如有条件最好采用小夯锤夯实表面松土。

(三)水泥土搅拌桩

工艺流程:施工准备→桩位放线及复核→深层搅拌桩机就位→预搅下沉→喷浆(粉)搅拌成桩→关闭搅拌桩机及清洗→质量检验。

1.施工准备

(1)原材料准备:①施工所用水泥必须经强度试验和安定性试验合格后才能使用,采用强度等级不低于32.5的普通硅酸盐水泥;②砂子采用中砂或粗砂,含泥量小于5%;③外加塑化剂采用木质素黄酸钙,促凝剂采用硫酸钠、石膏,产品要有出厂合格证,掺量通过试验确定。

(2)技术准备:①应有工程地质勘察报告、水泥土搅拌桩地基施工的场地平面图及设计对水泥土搅拌桩地基施工的技术要求等。②编制施工组织设计或施工方案（措施）。③机具设备就位后应进行"试桩"，以便确定搅拌桩的置换率、长度、搅拌桩复合地基的承载力特征值以及单桩竖向承载力特征值等施工参数。④清理所有障碍物及地下管线、初步整平水泥土搅拌桩场地并对测量基准点交接、复测及验收。⑤严格按照规定做好图纸会审，同时对施工人员进行技术交底并形成书面记录。

（3）主要机具准备：主要机具设备有深层搅拌机、起重机、灰浆搅拌机、灰浆泵、冷却泵、机动翻斗车、导向架、集料斗、提速测定仪及电气控制柜等。

2. 桩位放线及复核

建立标高控制点和轴线控制网，按照桩位布置图进行测量放线并复核。

3. 深层搅拌桩机就位

水泥土搅拌桩地基施工场地初步平整并把桩位布设完毕后，可以组织深层搅拌机及配套设备进场，将搅拌机停放于已测放好的桩位上，再调整使搅拌头与桩位标志物在同一直线上；同时保证起吊设备的平整度和导向架的垂直度。

4. 预搅下沉

（1）施工时，先将深层搅拌机用钢丝绳吊挂在起重机上，用输浆胶管将储料罐水泥浆泵与深层搅拌机联通，开动电动机后，搅拌机叶片相向而转，借助设备自重，以一定的速度沉至设计要求加固深度，并使深层搅拌机做到基本垂直于地面。

（2）搅拌机下沉时，不宜冲水；当遇到较硬土层下沉太慢时，可适量冲水，但要严格控制冲水量，以免影响桩身强度。

5. 喷浆（粉）搅拌成桩

（1）湿法施工（深层搅拌法）：①当深层搅拌机沉至设计要求加固深度后，再以一定速度提起搅拌机，与此同时开动水泥浆泵将水泥浆从深层搅拌中心管不断压入土中，由搅拌叶片将水泥浆与深层处的软土搅拌，边搅拌边喷浆直至提到地面，完成一次搅拌过程。②深层搅拌机在起吊过程中注意保证起吊设备的平整度和导向架的垂直度，成桩要控制搅拌机的提升速度和次数，保证连续均匀，以控制注浆量，要求搅拌均匀，同时泵送必须连续。③再次重复上述预搅下沉和喷浆搅拌上升的过程，即完成一根柱状加固体施工。④搅拌桩的桩身垂直偏差不得超过 1.5%，桩位偏差不得大于 50mm，成桩直径和桩长不得小于设计值；当桩身强度及尺寸达不到设计要求时，可采用复喷的方法。搅拌次数以一次喷浆、一次搅拌或二次喷浆、三次搅拌为宜，且最后一次提升搅拌宜采用慢速提升。⑤壁状加固时，桩与桩的搭接时间不应大于 24h，如间歇时间过长，应采取钻孔留出榫头或局部补桩、注浆等措施。⑥施工时因故停止喷浆，宜将搅拌机下沉至停浆点以下 0.5m，待恢复供浆时，再喷浆提升；当水泥浆液到达出浆口后应喷浆搅拌 30s，在水泥浆与桩端土充分搅拌后，再开始提升搅拌头。

（2）干法施工（粉体喷搅法）：①喷粉施工前应仔细检查搅拌机械、供粉泵、送气（粉）管路、接头和阀门的密封性及可靠性。送气（粉）管道的长度不宜大于 60m。②干法喷粉施工机械必须配置经国家计量部门确认的具有能瞬时检测并记录出粉量的粉体计量装置及搅拌深度自动记录仪。③搅拌头每旋转一周，其提升高度不得超过 16mm；搅拌头的直径应定期复核检查，其磨耗量不得大于 10mm。④当搅拌头到达设计桩底以上 1.5m 时，应即开启喷粉机提前进行喷粉作业；当搅拌头提升至地面以下 500mm 时，喷粉机应停止喷粉作业。⑤成桩过程中因故停止喷粉，应将搅拌头下沉至停灰面以下 1m 处，待恢复喷粉作业时再喷粉搅拌提升。⑥需在地基土天然含水量小于 30% 土层中喷粉成桩时，应采用地面注水搅拌工艺。

6. 关闭搅拌桩机并清洗

每天施工完毕，要关闭搅拌机并用水清洗储料罐、灰浆泵、深层搅拌机及相应管道，以备再用。

（四）锤击、静压预应力管桩

工艺流程：施工准备→试打桩→桩位放样→装机就位→吊、插桩→立管、校直→锤击或静压沉桩→接桩→送桩→收锤或终止压桩→质量检验。

1. 施工准备

（1）打桩前应处理地上和地下障碍物（如地下线管、旧有基础、树木等）。装机进场及移动范围内的场地应平整压实，以使地面有一定的承载力，并保证装机的垂直度。施工场地及周围应保持排水沟畅通。

（2）材料、机具的准备及接通水、电源。

2. 试桩

施工前必须打试验桩，其数量不少于2根。确定贯入度并校验打桩设备、施工工艺以及技术措施是否适宜。

3. 桩位放样及控制

（1）在打桩现场或附近需设置控制点，数量不少于2个；控制点的设置地点应在受打桩作业影响的范围之外。

（2）对施工现场的控制点应经常检查，避免发生误差，根据控制桩对轴线进行放线，然后再定出桩位。

（3）桩轴线放线应满足以下要求：双排及以上桩，偏移应小于20mm；对单排桩，偏移应小于10mm。

4. 桩机就位

桩机就位时，应对准桩位，保证垂直稳定，在施工中不发生倾斜、移动，静压桩机就位时利用其行走装置完成。

5. 吊、插桩

（1）锤击桩：先将桩锤提至超过管桩长度1m左右，桩机配备动力将管桩吊起，在桩帽、桩顶垫上硬纸板做衬垫，即可将桩锤缓慢落到桩顶上面，再将管桩下端的桩尖准确对准桩位，在桩的自重和锤重的作用下，桩向土中沉入一定深度而达到稳定的位置。

（2）静压沉桩：先拴好吊桩用的钢丝绳和索具，利用桩机和自身配置的起重机，将桩管桩吊入夹持器中夹紧，再调整位置将管桩下端的桩尖准确对准桩位，再启动压桩油缸，把桩管下端0.3~0.5m桩身压入土中。

6. 立管校直

在桩机正方和侧面各设一个垂球架，控制检查桩机和桩管的垂直度偏差不大于桩长的0.5%，静压桩利用液压系统调整桩管至符合施工要求；锤击桩利用桩机撑杆电动机和左右移架调整桩管至符合施工要求，在第一节桩沉管2m范围内，应采用空挡或低挡锤击桩管，以便于边施工边调整垂直度。

7. 沉桩

（1）锤击沉桩：遵守重锤低击的原则，锤重的选择应符合设计要求，桩管分段打入，逐段接长。桩帽内上下衬垫应符合规定要求，沉桩过程设专人监控、记录。

（2）静压沉桩：启动压桩油缸，利用油缸伸缩行程，把桩压入土层中，伸长完后，夹持油缸回程松夹，压桩油缸回程，如此反复动作，实现连续压桩操作，直至把桩压入。每一次下压，桩入土深度为1.5～2.0m，当一节桩压到其桩顶离地面80～100cm时，可进行接桩或放入送桩器将桩压至设计标高。压桩过程设专人监控、记录。

8. 接桩（焊接）

（1）接桩时，其入土部分桩段的桩头宜高出地面0.5～1.0m，上下节桩段应保持顺直，错位偏差不宜大于2mm。

（2）管桩对接前，上下端板表面应用铁刷子清刷干净，坡口处应刷至露出金属光泽，焊接时宜先在坡口圆周上对称点焊4～6点，施焊宜由两个焊工对称进行。

（3）焊接层数不得少于2层，焊缝应饱满连续，焊好后的桩接头自然冷却8min后方可继续锤击。

9. 送桩

（1）锤击送桩作业时，送桩器与管桩应相匹配，送桩器与管桩桩头之间应设硬纸板作衬垫，桩锤、桩帽、送桩器、桩身中心线重合。

（2）锤击送桩的最后贯入度参考同一条件的桩不送桩时的最后贯入度予以修正。

（3）静压桩如果桩顶已接近设计标高，而桩压力尚未达到规定值，可以送桩。如果桩顶高出地面一段距离，而压桩力已达到规定值时则要截桩，以便压桩机移位。

（4）静压桩的送桩作业可以利用现场的预制桩段作送桩器。施压预制桩最后一节桩的桩顶面达到施工地面以上1.5m左右时，应再吊一节桩放在被压桩的顶面，不要将接头连接起来。

10. 收锤或终止压桩

（1）锤击桩收锤

①桩端位于一般土层时，以控制桩端设计标高为主，贯入度可作参考。

②桩端达到坚硬、硬塑的黏性土以及中密以上黏土、砂土、碎石类土、风化岩时，以贯入度控制为主，桩端标高可作参考。

③贯入度已达到，但桩底标高未达到时，应继续锤击3阵，按每阵10击的贯入度不大于设计规定的数值加以确认，必要时施工控制贯入度应通过试验与有关单位会商确定。

(2) 静压桩终止压桩控制条件

①对纯摩擦桩，终压时以设计桩长为控制条件。

②对长度大于21m的端承摩擦桩，应以设计桩长控制为主，终压力值作对照。

③对一些设计承载力较高的桩基，终压力值宜尽量接近桩机满载值。

④对长14～21m静压桩，应以终压力满载值为终压控制条件。

⑤对桩周土质较差且设计承载力较高的，宜复压1～2次为佳。

⑥长度小于14m的桩，宜连续多次复压，特别对长度小于8m的短桩，连续复压的次数应适当增加。

二、主体工程

主体是指地面 ±0.00 以上的建筑物部分，是承重和围护构件。它承担屋顶和各楼层传来的荷载，并把它们传递给基础。主体应具有足够的强度、稳定性、防火、耐久性能，且具备抵御自然界各种因素对室内侵袭的能力。

主体按构造组成分为柱、梁、楼板层、屋顶及墙体。主体工程按分部分项工程分为模板工程、钢筋工程、混凝土工程及砌体工程。

(一) 模板安装与拆除

工艺流程：施工准备→测量放线→模板安装→模板拆除→质量检验。

1. 施工准备

(1) 材料准备

①木模、组合钢模板及支架的材料质量必须符合设计或产品质量的规定要求，有产品合格证。

②模板材料应具有一定的强度和刚度，表面平整，在使用前应进行检查，不符合要求的不得投入使用。

③脱模剂应采用水质的隔离剂，其质量应符合要求。

（2）技术准备

①根据建（构）筑物的混凝土结构尺寸及现场环境，进行模板的配模设计，并确定采用模板的材料。

②若采用竹、木胶合板，应确定模板制作的几何形状及尺寸，龙骨的规格、间距，同时选用支撑系统。

③若采用定型的组合钢模板，应根据结构尺寸，确定采用不同规格的钢模板进行组合。

④对于高大模板（高度大于 4.5m 时），应编制模板专项施工技术方案。

⑤模板施工前，应对施工人员进行技术交底并形成书面记录。

（3）主要机具准备

主要机具有锤子、活动扳手、水平尺、钢卷尺等。

2. 测量放线

模板安装前，应根据建（构）筑物的测量控制网，测设各混凝土结构尺寸定位线，并进行标定。

3. 模板安装

（1）基础模板

①阶梯型独立基础：根据施工图尺寸制作的每一阶梯模板，支模顺序由下至上逐层向上安装，并考虑一个独立的台阶基础不留设施工缝，一次支设完毕，先安装底层阶梯模板，用斜撑和水平撑钉牢撑稳；核对该层的模板中心线与测定基础中心线是否相符，标高是否正确，接着配合绑扎基础钢筋及安设保护层垫块；底层模板安装完毕后再进行上一台阶的模板安装，并重新核对该层模板的中心线和模板边线与基础中心线是否相符，并把斜撑、水平支撑以及拉杆加以钉紧、撑牢，依次向上支设各层台阶模板直到基础模板的最上一层台阶，用同样的方法对模板进行加固；最后检查拉杆是否稳固，校核基础模板的几何尺寸及轴线位置。

②杯形独立基础模板：杯形独立基础分为一台式或多台式阶梯形的基础，其基础模板的支设方法与阶梯形独立基础基本相同，所不同的是要在基础模板的上口安装一个杯芯模，其尺寸的大小，要根据设计图纸的要求，用钢板或木板加工成一个整体的芯模，再用轿杠固定在芯模的两侧，最后按照图纸尺寸的位置，将芯模固定在模板的上口，并检查杯芯底模的轴线和标高

是否符合要求。

③条形基础模板：条形基础模板分为一台式和多台式，侧板和端头板制成后，先在基础垫层上弹出基础中心线和模板边线，再把侧板和端头板对准边线和中心线，安装就位，用水平仪抄测侧板的水平标高，复核中线和边线，再用斜撑、水平撑及拉撑钉牢。

(2) 柱模板

①柱模板安装前，应在基础（和各层板面）的框架柱周边弹出柱边控制线，并在根部设置钢筋限位装置，确保柱根部的位置正确，同时检查柱筋和预埋件的数量和位置是否正确。

②按图纸尺寸制作柱模后，按放线位置安装柱的模板，在纵横两垂直向加斜拉顶撑，校正垂直度和柱的对角线尺寸。

③根据柱模的尺寸大小、侧压力的大小选择柱箍（一般有木箍、钢箍、钢木箍等），柱箍的间距、材料及螺栓配件等应经过计算确定。

④成排柱支模应先支两端柱模，校正与复核无误后，在顶部拉通线支设中间的柱模。

(3) 梁模板

①在柱子上弹出轴线、梁位置和水平线，钉柱头模板。

②安装梁底模板时应先复核钢管排架、底模横楞的标高是否正确；梁跨度大于4m，应按要求进行起拱。

③按设计标高调整支柱标高，安装梁底模板并进行拉线找平。

④梁柱模板平面接搓时，柱模应伸到梁模板底，梁模板头竖向同柱模接平。

⑤主次梁交接时，主梁先起拱，次梁后起拱。

⑥梁下支柱在基土上时，应对基土平整夯实，并加设木垫板。

⑦支撑楼层高在4.5m以下时，应设两道水平拉杆；超过4.5m时，按专项方案进行施工。

⑧梁侧模根据墨线来安装梁侧模板、压脚板、斜撑等。

⑨当梁超过750mm时，梁的侧模应加对拉螺栓加固。

⑩梁模板安装完毕后，应重点检查其底模的刚度、侧模的垂直度、表面平整度及支撑系统刚度和强度是否符合要求。

（4）楼面模板

①根据模板的排列图架设支柱和龙骨，支柱与龙骨的间距，应根据楼板混凝土重量与施工荷载的大小，在模板设计中确定，一般支柱的间距为800~1200mm，大龙骨间距为600~1200mm，小龙骨间距为400~600mm。

②底层地面应夯实，并铺设垫板，采用多层支架支模，支柱应垂直，并保持上下支柱在同一竖向中心线上，各层支柱应设水平拉杆和剪刀撑。

③通线调节支柱的高度，将大龙骨找平，架设小龙骨。

④铺模板时可从四周铺起，在中间收口，楼板模板压在梁侧模时，角位模板应通线钉固。

⑤楼面模板铺完后，应检查模板支架是否牢固，模板缝隙是否填塞严密，并打扫干净。

（5）模板拆除

①拆除模板的顺序和方法，应遵循先支的后拆，后支的先拆；先拆不承重的模板，后拆承重部分的模板；自上而下，先拆侧向支撑，后拆竖向支撑的原则。

②模板拆除应遵循支模与拆模为同一个专业班组进行作业，这样便于拆模人员熟悉支模时各节点的构造情况，对拆模的进度、安全及模板配件的保护都很有利。

③模板拆除的混凝土结构强度符合现行有关规范要求。

（二）钢筋制作与安装

工艺流程：施工准备→钢筋加工→钢筋安装→质量检验。

1. 施工准备

（1）材料准备

①工程所用钢筋的种类、规格必须符合设计要求，并经过检验合格，有钢筋出厂的质量证明书及现场抽检报告。

②钢筋加工的形状、尺寸、规格必须符合设计图纸要求。

③垫块的制作应采用同混凝土结构强度的细石混凝土制作，50mm见方，厚度同保护层，垫块内预留20~22号铁丝，或用拉筋、塑料卡子、撑铁等。

④钢筋的连接形式应符合设计要求，其材料的品种、规格、型号等必须符合现行标准的规定，有产品合格证或检验报告。

（2）技术准备

①认真熟悉施工图纸，并按有关规定做好图纸的会审。

②根据设计图纸要求编制相关的技术方案和钢筋下料单。

③有针对性地对钢筋的放样、下料、加工及钢筋的安装，分阶段向施工人员进行技术交底，并形成书面记录。

（3）主要机具准备

主要机具有钢筋下料机、钢筋弯曲机、钢筋调直机、电焊机等。

2. 钢筋加工

（1）按钢筋放样图纸和钢筋下料单进行加工，其加工尺寸的偏差值应符合：

①受力钢筋顺长度的尺寸误差：±10mm。

②弯起钢筋的弯折位置：±20mm。

③箍筋内净尺寸：±5mm。

（2）受力钢筋的弯钩和弯折应符合以下要求：

① HPB235级钢筋末端应作180°弯钩。

②当设计要求钢筋末端需作135°弯钩，HRB335级、HRB400级的弯弧内直径不应小于钢筋直径的4倍。

③钢筋作不大于90°弯钩时，弯折处的弯弧内直径不应小于钢筋直径的5倍。

（3）箍筋末端弯钩形式，除焊接封闭环形式箍筋外，箍筋的末端应作弯钩并符合以下规定要求：

①箍筋弯钩内的圆弧直径，不应小于钢筋的受力直径。

②箍筋弯钩的弯折角度，对一般结构，不宜小于90°；对有抗震要求的，应为135°。

③箍筋弯后平直部分的长度，对一般结构，不宜小于箍筋直径的5倍；对有抗震要求的结构，不应小于箍筋直径的10倍。

3. 钢筋安装

（1）钢筋连接有焊接接头、机械连接接头和绑扎接头，纵向钢筋的受力接头应符合设计要求。

①钢筋接头采用焊接时：a. 钢筋焊接应由持有有效证件的焊工进行操作，焊接前应进行可焊性试验，合格后方可批量进行焊接，按规定要求，抽样对焊接质量进行检验。b. 采用电弧焊连接时，应考虑焊接引起的结构变形，选用合理的焊接顺序、分层轮流施焊或对称施焊等措施；接头处钢筋轴线的偏移不得超过 0.1d（d 为钢筋直径）或 3mm，接头处的弯折角度不得超过 4°。c. 采用电渣压力焊时，钢筋安装应上下同心，竖肋对齐，夹具紧固；接头处的焊包应均匀，突出部分高出钢筋 4mm，接头处的轴线偏移不得超过 0.1d 或 2mm，弯折角度不得超过 4°。

②钢筋接头采用机械连接时，机械操作人员应经过培训并持证上岗。其机械连接的操作工艺应符合设计和有关技术规程的规定要求，并按规定取样复检。

③钢筋采用绑扎接头时，绑扎应牢固、无松扣、缺扣，其接头方式、绑扎长度应符合设计和规程要求。

④钢筋接头的设置应符合以下要求：a. 同一纵向的受力钢筋，不宜设置 2 个及以上的接头。b. 采用焊接和机械连接的接头，同一构件内，其位置应相互错开，其连接区段的长度为 35d（d 为纵向受力钢筋的最大直径）且不小于 500mm，接头面积的百分率应符合现行施工质量验收规范及规程的规定与要求。c. 采用钢筋绑扎搭接接头的连接区段的长度为 1.3L（L 为搭接长度），同一连接区段内的，纵向钢筋搭接接头面积的百分率应符合现行施工质量验收规范及规程的规定要求。

（2）基础钢筋安装

①将基础垫层清理干净，并弹上钢筋的位置线。

②根据墨线位置，放置基础钢筋。

③基础底板钢筋绑扎时，四周两行交叉钢筋应每点绑牢，中间部分可隔点绑扎。

④当基础底板钢筋采用双层布设时，在双层钢筋之间应设置钢筋撑脚，确保钢筋的位置正确。

⑤钢筋弯钩应朝上，双层钢筋的上层钢筋的弯钩应朝下。

⑥独立柱基础为双向弯曲时，底面短向钢筋应放在长向钢筋的上面。

⑦现浇柱与基础连用的插筋，其箍筋应比柱的箍筋小一个柱筋直径，以便连接，箍筋的位置一定要绑扎牢固。

⑧基础中纵向受力钢筋的混凝土保护层厚度不应小于40mm，当无垫层时混凝土保护层厚度不应小于70mm。

⑨承台钢筋绑扎前，一定要保证桩基伸出钢筋到承台的锚固长度。

（3）柱钢筋安装

①箍筋与主筋应垂直，箍筋的转角处与主筋交点均要绑扎，主筋与箍筋非转角处的相交点成梅花交错绑扎。

②箍筋的弯钩叠合处应沿柱子竖筋交错布置，并绑扎牢固。

③有抗震要求的结构，柱箍筋端头应弯成135°，平直部分的长度不小于10d（d为箍筋直径），如箍筋采用90°接头，搭接处应进行焊接，单面焊缝长度不小于10d。

④柱基、柱顶、梁柱交接处箍筋的间距，应按设计要求进行加密，其加密长度和箍筋间距应符合设计要求。

⑤柱筋的保护层厚度应符合设计要求，可采用带铁丝的混凝土垫块，绑在钢筋骨架的外侧。

（4）墙体钢筋安装

①2~4根钢筋，将主筋与下层伸出的钢筋绑扎，并在主筋上画出水平钢筋的分档标志，并在适当位置绑设两根横筋定位，在横筋上画好主筋的分档标志，接着进行主筋和横筋的施工。

②主筋与伸出的钢筋的搭接处需绑扎3根水平筋，其搭接长度和位置应符合设计要求。

③墙体钢筋应每点进行绑扎，双排钢筋之间应绑扎拉筋或支撑筋，纵横间距不大于600mm，墙体的钢筋应锚固到柱内，锚固长度应符合设计要求。

④对于剪力墙水平筋在两端头、转角、十字点等部位的锚固长度应符合设计要求。

⑤钢筋的外皮应垫设垫块或塑料卡子作为保护层厚度的控制。

（5）梁钢筋安装

①梁钢筋绑扎前，在梁的侧模上根据图纸要求应画出箍筋的间距。

②安装梁的纵向钢筋和弯起钢筋及箍筋，并调整箍筋的间距尺寸以符合设计图纸要求。

③纵向钢筋伸入支座的锚固长度及弯起钢筋的弯起位置，必须符合设计要求。

④箍筋叠合处的弯钩，在梁中应交错布置，箍筋弯钩为135°。

⑤在主次梁受力钢筋下均应垫设保护层垫块（或塑料卡子）作为控制保护层用。

⑥梁的受力钢筋，当直径大于22mm时，必须采用焊接，小于22mm可采用绑扎，但搭接长度要符合设计要求。

⑦纵向钢筋在梁中的接头位置必须符合设计要求。

（6）板钢筋安装

①在安装完的模板上面，画出纵横钢筋的位置线，预留孔洞的位置和预埋件的位置。

②按图纸要求，依次进行钢筋安装，并做好预埋件、预留洞口、电线管的配合施工。

③钢筋外围两根，应全部绑扎，其他可隔点交错绑扎施工，如为两层钢筋，在中间应加设马凳，确保钢筋的准确位置，对于负弯矩的钢筋应每点进行绑扎。

④在安装后的钢筋网下面，应垫设混凝土保护层垫块，间距以1.5m为宜。

（三）混凝土工程

工艺流程：施工准备→混凝土搅拌→混凝土运输→混凝土浇筑→混凝土养护→质量检验。

1. 施工准备

（1）材料准备

①水泥：应根据工程的特点、所处的环境和设计要求，选择水泥的品种和强度等级。对普通混凝土宜选用硅酸盐水泥、普通硅酸盐、矿渣硅酸盐水泥等；水泥进场除具有厂家的检验报告外，按规范要求进行取样复验，合格后方可使用。

②细骨料：砂宜选用粗砂或中砂，其含泥量和砂率级配应符合规范要求，对含泥量的要求，当混凝土强度等级不大于 C30 时，含泥量不大于 5%；当混凝土强度等级大于 C30 时，含泥量不大于 3%。

③粗骨料：目前一般采用碎石进行混凝土配制。碎石应进行颗粒级配，含泥量，针、片和强度指标检验，其质量指标应符合规范要求，并提供相应的合格证明文件。

④水、掺和料及外加剂等材料应符合现行标准规定。

(2) 技术准备

①认真熟悉图纸，并按有关规定做好图纸的会审；

②具有资格的试验单位提供的混凝土配合比设计通知单；

③编制相关的混凝土施工方案，施工前对施工人员进行技术交底，并形成书面的记录。

(3) 主要机具准备

主要机具有混凝土搅拌机、混凝土运输车、混凝土振捣器、混凝土标准试块模及坍落度桶等。

2. 混凝土搅拌

(1) 商品混凝土

采用商品混凝土时，应按要求提供混凝土的配合比、合格证，做好混凝土的进场检验和试验工作，并按规定测定混凝土的坍落度，做好记录。

(2) 现场搅拌的混凝土

①现场搅拌应尽量做到自动上料、自动称量，机动出料和集中操作控制。

②混凝土拌制前，应现场测定砂石的含水率，根据实验单位提供的设计配合比调整施工配合比，并现场挂牌。

③严格控制混凝土原材料的计量偏差，要求：水泥、外加掺和料控制在 ±2%；粗细骨料控制在 ±3%；水、外加剂控制在 ±2%。

④严格搅拌的装料顺序，即先石子再水泥后砂子，每盘的装料数量不得超过搅拌桶标准容量的 10%。

⑤混凝土最短的搅拌时间应符合规范要求。

⑥第一次使用配合比，应进行开盘鉴定，其工作性应满足设计配合比

的要求。

⑦每一个工作班，应对原材料的品种、规格和使用情况进行检查，并对混凝土的坍落度进行检查。

⑧混凝土试块的取样应符合混凝土施工方案和施工验收规范的规定要求。

3. 混凝土运输

（1）混凝土出料后，应及时运送到混凝土浇筑地点。混凝土运输过程中要防止混凝土产生离析及初凝现象。

（2）当采用泵送混凝土时，必须保证混凝土泵的连接工作，若发生故障，停歇时间超过45min或混凝土出现离析现象，应立即用压力水和其他方法冲洗管内残留的混凝土。

4. 混凝土浇筑

（1）混凝土浇筑的一般要求

①混凝土浇筑前应对模板、支架、钢筋和预埋件的数量、位置进行检查，做好检查记录，符合要求后才能进行混凝土浇筑。

②混凝土应分层浇筑，采用插入式振捣器振捣时，其浇筑层的厚度为振捣器作用长度的1.25倍（一般为300~400mm）；采用平板振动器振动时，浇筑层的厚度不应超过200mm。

③混凝土振捣时，应以混凝土表面呈现浮浆和不再下沉为准。当采用插入式振捣器振捣时，移动间距不宜大于振捣器作用半径的1.5倍，振捣器插入下层混凝土的深度不应小于50mm。当采用平板振捣器振捣时，其移动间距应保证振捣器的平板能覆盖已振实部分的边缘为宜。

④对大体积混凝土应采取分段分层进行施工，确保混凝土沿高度均匀上升。

（2）基础混凝土浇筑

①带杯口模板基础混凝土浇筑：当混凝土浇筑到高于杯口芯模底部200mm时，应稍做停顿，待混凝土稍干硬后，再继续浇筑，以防杯口芯模移位或浮起。有台阶基础，混凝土浇至第一阶时，混凝土应比上层台阶底模高50mm左右，稍做停顿，待混凝土稍干硬后，浇筑上一层台阶，整个基础不留施工缝一次浇筑完毕。

②条形基础浇筑：条形基础浇筑时，应分段连续浇筑混凝土，一般不留施工缝。各段层之间应相互衔接，每段间的浇筑长度控制在 2～3m 的距离，做到逐段逐层呈阶梯形向前推进。

（3）柱混凝土的浇筑

①在浇筑柱子混凝土时，底部应先填 50～100mm 厚水泥砂浆一层，以免底部产生蜂窝现象。

②柱混凝土应分层浇筑，每层浇筑厚度不大于 500mm，边投料边振捣，振动棒不得触动钢筋和预埋件。

③柱混凝土应连续浇筑，不得间断，如遇特殊情况必须中断，其时间间隔应符合现行有关规范的规定要求。

④柱高在 3m 之内，可在柱顶直接下料，超过 3m 时，应采取有效措施防止混凝土产生离析。柱混凝土浇筑完后，应将伸出的搭接钢筋整理到位。

（4）梁板混凝土浇筑

①混凝土自吊斗口下落的自由倾落高度不超过 2m。

②梁板的混凝土应同时浇筑，并先将梁根据高度浇筑成阶梯形，当达到板的底部位置时，即与板一同浇筑。

③当梁的高度大于 1m 时，可以单独浇筑，施工缝可留在板底面以下 20～30mm。

④当浇筑柱梁及主次梁交叉处的混凝土时，由于钢筋较密，可改用细石混凝土浇筑，并以人工捣固配合混凝土振捣，此时混凝土浇筑的分层厚度不宜超过 200mm。

⑤板混凝土的浇筑的虚铺厚度应大于板厚，采用平板振捣器进行振捣，并用铁插尺检查板的厚度，振捣完毕用木抹子抹平。

⑥梁板施工缝可采用企口式接缝或垂直立缝的做法，不宜留坡搓。

（5）墙体混凝土浇筑

①墙体的浇筑应采取长条流水作业，分段浇筑，均匀上升。

②混凝土应分层浇筑振捣，每层浇筑厚度应控制在 600mm 左右。

③墙体浇筑应连续进行，如必须间歇作业，时间应尽可能缩短，并在前层混凝土初凝前将次层混凝土浇筑完毕。

④洞口浇筑混凝土时，应保持使洞口两侧的混凝土高度大体一致。

⑤混凝土浇筑过程中，要经常检查钢筋保护层及预埋件位置的正确性和牢固程度，并确保钢筋不受移动。

5.混凝土养护

养护应在混凝土浇筑12h内进行，用适当的材料对混凝土表面加以覆盖并浇水进行养护；混凝土的养护时间不得少于7天，对掺有缓凝型的外加剂及有抗渗要求的混凝土不得少于14天；混凝土养护，浇水次数以保持混凝土湿润的状态来决定。

(四)砖(砌块)砌体工程

工艺流程：施工准备→砂浆拌制→排砖撂底、墙体盘角→立杆挂线、砌筑→清水墙勾缝、清理→质量检验。

1.施工准备

(1)材料准备

①砖的品种、规格尺寸、强度等级必须符合设计要求，有强度检验报告，进场后应进行外观及尺寸的质量检查，当用于清水墙的砖，应边角整齐、色泽均匀。

②水泥、砂、掺和料及水等材料应符合设计和规范要求，有合格证或检验报告，性能指标必须符合设计和现行标准的规定要求。

(2)技术准备

①严格按照规定做好图纸会审，施工前对施工人员进行技术交底并形成书面记录。

②基础验收及墙体放线：a.基础及房屋建筑的各层楼板应进行验收并找平。b.根据设计图纸的尺寸要求弹好墙体轴线及边线、门窗洞口的位置线，并复验合格。

(3)主要机具准备

主要机具有砂浆搅拌机、瓦刀、线坠、灰桶(或存灰槽)等。

2.砂浆拌制

(1)目前常用的砌筑砂浆有水泥砂浆、水泥混合砂浆。施工前应将原材料送交试验单位，试验单位按设计要求的砌筑砂浆强度等级进行试配，提出砂浆试配比例(重量比)，并根据测定现场砂的含水率确定施工配合比。

（2）砂浆拌和要求：当采用机械搅拌时，拌和时间不得少于2min；采用人工搅拌时，砂浆拌和达到均匀为止；砂浆的稠度为30~50min；砂浆分层度不超过30mm；掺有有机塑化剂及外加剂的砂浆搅拌时间应为3~5min。

3. 排砖摆底、墙体盘角

（1）排砖摆底

一般外墙第一层砖摆底时，两山墙排丁砖，前后檐纵墙排条砖；认真核对门窗洞口位置线、窗间墙等的长度是否符合砖的模数；砌块排列则应根据施工图的尺寸，并按砌块的规格尺寸、灰缝宽度进行排列，且应对孔错缝搭砌，砌体的垂直缝应与门窗洞口的侧边线错开150mm以上，不得用砖镶砌。

（2）盘角

砌砖前应先进行盘角，每次盘角不超过5层，新盘角及时进行靠、吊，不符合规范要求及时修正。盘角后要仔细对照皮数杆的砖层和标高，检查水平灰缝大小、平整度、垂直度等符合要求后，再挂线砌墙。

4. 立杆挂线、砌筑

（1）挂线

当砌筑墙厚370 mm时，应双面挂线，墙厚240mm及以下可采用单面挂线，如果墙的长度较长，几个人用同一根线，中间要设支点，每层砖都要穿线看平，确保水平灰缝均匀一致，平直通顺；要照顾两面平整，以控制抹灰层厚度。

（2）砌砖

砖砌体一般采用一顺一丁或三顺一丁砌法，清水墙最好采用一顺一丁砌法；砌筑时采用一铁锹灰、一块砖、一挤揉的"三一"砌砖法，即满铺、满挤操作法。砌砖时砖要放平，并保持"上跟线，下跟棱，左右相邻要对平"的施工方法。水平灰缝和竖向灰缝的厚度应控制在8~12mm。为确保清水墙的主缝不游丁走缝，当砌完一架步高时，每隔2m水平距离，在丁砖立棱弹两道垂直线，分段控制游丁走缝。水泥砂浆要随拌随用，一般水泥砂浆必须在3h内用完；水泥混合砂浆在4h内用完，不得使用过夜砂浆。清水墙应随砌随划缝，划缝深度为8~12mm，深浅一致，墙面清扫干净。混水墙应随砌随将舌头灰刮净。

（3）留搓

外墙转角、内外墙交接处应同时砌筑，若留搓必须留斜样，且长度不小于墙体高度的 2/3；沿墙高度每隔 500mm 预埋两根 Φ6 钢筋，每边均不小于 500mm。

（4）木砖和孔洞预留

木砖预埋时小头在外，大头在内；洞口要按设计预留，避免事后打墙凿洞。

（5）构造柱

砌砖前，构造柱应先弹线，钢筋要处理顺直，马牙搓留设要先退后进，高度不超过 300mm，拉接筋留设按设计和规范要求放置。

（6）框架结构填充墙的砌筑

砖与柱间结合处应填塞砂浆，柱应每隔 500mm 配置 2 根 Φ6 拉接钢筋，长度符合设计要求，与梁顶应留出 2/3 的长度，待下层墙体达到一定的强度后，斜砌顶紧梁顶。承重墙的第一皮砖、最上一层砖、窗台砖均应采用整砖砌筑。

5. 清水墙勾缝、清理

（1）清水墙勾缝

清水墙的勾缝可采用原浆勾缝，也可以采用加浆勾缝。采用原浆勾缝时，按本节的有关要求实施，当采用加浆勾缝时，勾缝砂浆宜采用细砂拌制的 1∶1.5 水泥砂浆，凹缝深度为 4～5mm。

（2）墙面清理

墙体砌筑完后，应将粘在墙体表面的砂浆和浮灰及铁丝等杂质清除干净。

三、装饰装修工程

装饰装修工程是指以保护建筑物的主体结构、完善建筑物的使用功能和美化建筑物的过程。包括抹灰工程、门窗工程、吊顶工程、轻质隔墙工程、饰面板（砖）工程、幕墙工程、涂饰工程、裱糊与软包工程以及细部工程等。

按材料和施工方法的不同，常见的墙体饰面可分为抹灰类、贴面类、涂料类、裱糊类和铺钉类等。饰面装修一般由基层和面层组成，基层即支托饰面层的结构件或骨架，其表面应平整，并应有一定的强度和刚度。饰面层附着于基层表面，起美观和保护作用，它应与基层牢固结合，且表面须平整均匀。

(一) 一般抹灰

1. 工艺流程

基层清理→浇水湿润→吊垂直、套方、找规程→抹灰饼→护角→墙面充筋→抹底灰→修补预留孔洞→抹罩面灰。

2. 主要工序要点

(1) 抹灰类墙面是指用石灰砂浆、水泥砂浆、水泥石灰混合砂浆、聚合物水泥砂浆、膨胀珍珠岩水泥砂浆，以及麻刀灰、纸筋灰、石膏灰等作为饰面层的装修做法。它主要的优点在于材料来源广泛、施工操作简便和造价低廉。但也存在着耐久性差、易开裂、湿作业量大、劳动强度高、工效低等缺点。

(2) 将基层表面的灰尘、污垢、油渍等清除干净，并洒水湿润。以保证抹灰层与基层连接牢固，表面平整均匀，避免裂缝和脱落。

(3) 根据基层表面平整情况，吊垂直、找规矩，确定抹灰层厚度，弹出基准线。房间较小时，可以一面墙做基准；房间面积较大时，先在地上弹出中心线，按基层面平整度弹出墙角线，然后在距墙阴角100mm处吊垂线并弹出铅垂线，再按地上弹出的墙角线往墙上翻引弹出阴角两面墙上的墙面抹灰层厚度控制线作抹灰基准线。

(4) 根据弹出的基准线和抹灰分层厚度抹灰饼。室内墙面、柱面的阳角和门窗洞口的阳角在抹灰前用1∶2水泥砂浆做护角，其高度不小于2m。

(5) 当灰饼砂浆达到七八成干时，即可用与抹灰层相同的砂浆充筋。一般充筋2h左右可开始抹底灰。若基层为混凝土时，抹灰前刷素水泥浆一道。

(6) 墙面抹灰应分层进行，每层厚度控制在7～9mm，上层抹灰应待底层抹灰达到一定强度并吸水均匀后进行。

(7) 抹砂浆面层时，厚度一般为5～8mm，施工时，先将底子灰表面扫毛或划出纹道，并将墙面湿润，然后用砂浆薄刮一遍使其与中层砂浆黏结，紧跟着抹第二遍，达到要求的厚度。面层应注意接搓平整，表面压光不得少于2次。

(二)门窗安装

门窗安装工程是指木门窗安装、金属门窗安装、塑料门窗安装、特种门窗安装和门窗玻璃安装工程。

1. 工艺流程

定位放线→安装门、窗框→安装门、窗扇→安装门、窗玻璃→框与墙体之间的缝隙填嵌→清理→保护成品。

2. 主要工序要点

(1)根据设计图纸中的安装位置、尺寸和标高，依据门窗中线向两边量出六窗边线，若为多层时，以顶层门窗边线为准，用线坠或经纬仪将门窗边线下引，并在各层门窗处划线标记。

(2)门窗的水平位置应以楼层室内+50cm 的水平线为准向上反量出窗下皮标高，弹线找直。每一层必须保持窗下皮标高一致。

(3)根据画好的门窗定位线，安装窗框，并及时调整好门窗框的水平、垂直及对角线长度等以符合质量要求，然后临时固定。

(4)铝合金门窗固定：当墙体上有预埋铁件时，可直接把门窗的铁脚与墙体上的预埋铁件焊牢；当墙体上没有预埋铁件时，可用膨胀螺栓将铝合金门窗的铁脚固定至墙体上。

(5)门窗框安装后，要及时处理门窗框与墙体之间的缝隙。铝合金门窗可用矿棉条或玻璃棉毡条分层填塞缝隙，外表面留 5~8mm 深槽口填嵌缝油膏或密封胶。

(6)门窗扇和门窗玻璃应在洞口墙体表面装饰完工后安装。推拉门窗在门窗框安装固定后整体安入框内滑槽，调整好与扇的缝隙即可；平开窗安装时，先把合页按要求位置固定在门、窗框上，然后将门、窗扇固定在合页上，再将玻璃安入扇中并调整好位置，最后填嵌门扇玻璃的密封条及密封胶。

(7)门窗扇安装完成后，安装锁、拉手等附件，安装的五金配件应正确、牢固，使用灵活。

(三) 吊顶安装

1. 工艺流程

顶棚标高弹水平线→划龙骨分档线→固定吊挂杆件→安装主龙骨→安装次龙骨→安装罩面板→安装压条。

2. 主要工序要点

(1) 用水准仪在房间内每个墙 (柱) 角上抄出水平点 (若墙体较长, 中间也应适当抄几个点), 弹出水准线 (水准线距地面一般为 500mm), 从水准线量至吊顶设计高度加上 12mm (一层石膏板的厚度), 用粉线沿墙 (柱) 弹出水准线, 即为吊顶次龙骨的下皮线。同时, 按吊顶平面图, 在混凝土顶板弹出主龙骨的位置。主龙骨应从吊顶中心向两边分, 最大间距为 1000mm, 并标出吊杆的固定点, 吊杆的固定点间距 900~1000mm, 如遇到梁和管道固定点大于设计和规程要求, 应增加吊杆的固定点。

(2) 采用膨胀螺栓固定吊挂杆件。不上人的吊顶, 吊杆长度小于 1000mm, 可以采用 φ6 仰的吊杆, 如果大于 1000mm, 应采用 φ6 的吊杆, 还应设置反向支撑。上人的吊顶, 吊杆长度等于 1000mm, 可以采用 φ8 的吊杆, 如果大于 1000mm, 应采用 φ10 的吊杆, 还应设置反向支撑。制作好的吊杆应做防锈处理, 吊杆用膨胀螺栓固定在楼板上, 用冲击电钻打孔, 孔径应稍大于膨胀螺栓的直径。

(3) 在梁上设置吊挂杆件: 吊挂杆件应通直并有足够的承载能力。当预埋的杆件需要接长时, 必须搭接焊牢, 焊缝要均匀饱满。吊杆距主龙骨端部不得超过 300mm, 否则应增加吊杆。吊顶灯具、风口及检修口等应设附加吊杆。

(4) 安装边龙骨: 边龙骨的安装应按设计要求弹线, 沿墙 (柱) 上的水平龙骨线把 L 形镀锌轻钢条用自攻螺丝固定在预埋木砖上, 如为混凝土墙 (柱) 可用射钉固定, 射钉间距应不大于吊顶次龙骨的间距。如罩面板是固定的单铝板或铝塑板可以用密封胶直接收边, 也可以加阴角进行修饰。

(5) 安装主龙骨: 主龙骨应吊挂在吊杆上, 主龙骨间距 900~1000mm。主龙骨宜平行房间长向安装, 同时应起拱, 起拱高度为房间跨度的 1/300~1/200。主龙骨的悬臂段不应大于 300mm, 否则应增加吊杆。主龙骨的接长应采取对接，相邻龙骨的对接接头要相互错开。主龙骨挂好后应基本调平。

跨度大于15m以上的吊顶应在主龙骨上每隔15m加一道大龙骨，并垂直主龙骨焊接牢固。

（6）安装次龙骨：次龙骨分明龙骨和暗龙骨两种。次龙骨应紧贴主龙骨安装。次龙骨间距300～600mm。用T形镀锌铁片连接件把次龙骨固定在主龙骨上时，次龙骨的两端应搭在L形边龙骨的水平翼缘上，条形扣板有专用的阴角线做边龙骨。

吊顶灯具、风口及检修口等应设附加吊杆和补强龙骨。

（7）罩面板安装：吊挂顶棚罩面板常用的板材有纸面石膏板、吸声矿棉板、硅钙板、塑料板、格栅和条形金属扣板等。选用板材时应考虑牢固可靠，装饰效果好，便于施工和维修，也要考虑重量轻、防火、吸声、隔热、保温等要求。

纸面石膏板应在自由状态下固定，防止出现弯棱、凸鼓的现象；还应在棚顶四周封闭的情况下安装固定，防止板面受潮变形。

矿棉装饰吸声板、硅钙板、塑料板安装时，应注意板背面的箭头方向和白线方向一致，以保证花样、图案的整体性；饰面板上的灯具、烟感器、喷淋头、风口篦子等设备的位置应合理、美观，与饰面的交接应吻合严密。

格栅安装规格一般为100mm×100mm；150mm×150mm；200mm×200mm等多种方形格栅，一般用卡具将饰面板板材卡在龙骨上。

饰面板上的灯具、烟感器、喷淋头、风口篦子等设备的位置应合理、美观，与饰面的交接应吻合严密。并做好检修口的预留，使用材料宜与母体相同，安装时应严格控制整体性、刚度和承载力。

（8）通常用高强水泥钉将压条固定在墙（柱）面上，钉间距应不大于吊顶次龙骨的间距，如罩面板是固定的单铝板或铝塑板，可以用密封胶直接收边，条形扣板有专用的阴角形做压条。

（四）饰面砖施工

1. 工艺流程

基层处理→吊垂直、套方、找规矩→贴灰饼→抹底层砂浆→弹线分格→

排砖→浸砖→镶贴面砖→面砖勾缝及擦缝。

2. 主要工序要点

(1) 将凸出墙面的混凝土剔平,对大钢模施工的混凝土墙面应凿毛,并用钢丝刷满刷一遍,清除干净,然后浇水湿润。

(2) 吊垂直、套方、找规矩、贴灰饼、冲筋:多层建筑物,可从顶层开始用特制的大线坠绷低碳钢丝吊垂直,然后根据面砖的规格尺寸分层设点、做灰饼。横向水平线以楼层为水平基准线交圈控制,竖向垂直线以四周大角和通天柱或墙垛子为基准线控制,应全部是整砖。阳角处要双面排直。每层打底时,应以此灰饼作为基准点进行冲筋,使其底层灰做到横平竖直。同时要注意找好突出檐口、腰线、窗台、雨篷等饰面的流水坡度和滴水线(槽)。

(3) 抹底层砂浆:先刷一道掺水重10%的界面剂胶水泥素浆,打底应分层分遍进行抹底层砂浆,第一遍厚度宜为5mm,抹后用木抹子搓平、扫毛,待第一遍六至七成干时,即可抹第二遍,厚度为8～12mm,随即用木杠刮平、木抹子搓毛,终凝后洒水养护。

(4) 待基层灰六至七成干时,即可按图纸要求进行分段分格弹线,同时亦可进行面层贴标准点的工作,以控制面层出墙尺寸及垂直、平整。

(5) 根据大样图及墙面尺寸进行横竖向排砖,以保证面砖缝隙均匀,符合设计图纸要求。非整砖行应排在次要部位,如窗间墙或阴角处等。

(6) 釉面砖和外墙面砖镶贴前,应挑选颜色、规格一致的砖;浸泡砖时,将面砖清扫干净,放入净水中浸泡2h以上,取出待表面晾干或擦干净后方可使用。

(7) 粘贴应自上而下进行。在每一分段或分块内的面砖,均为自下而上镶贴。从最下一层砖下皮的位置线先稳好靠尺,以此托住第一皮面砖。贴上后用灰铲柄轻轻敲打,使之附线,再用钢片开刀调整竖缝,并用小杠通过标准点调整平面和垂直度。

(8) 面砖铺贴拉缝时,用1:1水泥砂浆勾缝或采用勾缝胶,先勾水平缝再勾竖缝,勾好后要求凹进面砖外表面2～3mm。若横竖缝为干挤缝,或缝隙小于3mm者,应用白水泥配颜料进行擦缝处理。面砖缝子勾完后,用布或棉丝蘸稀盐酸擦洗干净。

第二节 变配电工程项目安装技术

一、电力变压器安装

(一)概述

电力变压器是电力系统的重要设备之一。变压器是利用电磁感应原理制成的一种静止的电气设备,它把某一电压等级的交流电能转换成频率相同的一种或几种电压等级的交流电能,即它能将电压由低变高或由高变低。

1.电力变压器的分类

根据电力变压器用途、绕组形式、相数、冷却方式不同,分类也不同,但常见变压器分类如下:

(1)按用途可分为:电力变压器(升压变压器、降压变压器、配电变压器等)、特种变压器(电炉变压器、整流变压器、电焊变压器等)、仪用互感器(电压互感器和电流互感器)和试验用的高压变压器。

(2)按绕组数目可分为:双绕组变压器、三绕组变压器、自耦变压器等。

(3)按相数可分为:单相变压器、三相变压器等。

(4)按冷却方式可分为:油浸式自冷变压器、油浸式风冷变压器、油浸式水冷变压器、强迫油循环风冷变压器、干式变压器等。

我国目前 110~500kV 高压、超高压变压器的绝缘介质仍以绝缘油为主,10~35kV 配箱式变压器,城市目前广泛采用,而室内主要采用干式变压器。这里以 110~500kV 电压等级,频率为 50Hz 的油浸式变压器为例。

2.电力变压器的总体组成

电力变压器分类较多、结构比较复杂,但总体结构基本一致。主要部件功能构造如下:

(1)铁芯部件:为了提高磁路的磁导率和降低铁芯的内部涡流损耗。

(2)绕组部件:是变压器的电路部分。

(3)油箱:油箱是油浸变压器的外壳,器身置于油箱的内部。

(4)变压器油:变压器油起冷却和绝缘作用。

(5)油枕:缩小油与空气的接触面积,延缓油吸潮和氧化的速度,可防止因油膨胀导致箱体产生受高压而产生爆炸。

(6) 呼吸器：呼吸器减少进入变压器空气中的水分。

(7) 防爆管：变压器的安全保护装置，防止油箱爆炸或变形。

(8) 冷却装置部件：保证变压器散热良好，带走变压器产生的热量。

(9) 测温装置部件：用于直接监视变压器油箱上层油温。

3. 电力变压器安装作业流程

施工前准备→变压器本体就位检查→附件开箱检查及保管→套管及套管 TA 试验→(附件安装前校验检查) 附件安装及器身检查试验→(注油前油务处理) 抽真空及真空注油→热油循环 (必要时) →整体密封试验→变压器试验。

(二) 施工准备

包括技术资料、人员组织、机具施工材料的准备。

(三) 变压器本体就位检查

检查本体外表是否存在变形、损伤及零件脱落等异常现象，会同厂家、监理公司、建设单位代表检查变压器运输冲击记录仪，记录仪在变压器就位后方可拆下，冲击加速度应在 3g 以下，由各方代表签字确认并存档。

由于 220kV 及以上变压器为充干燥空气 (氮气) 运输，检查本体内的干燥空气 (氮气) 压力是否正压 (0.01 ~ 0.03MPa)，并做好记录。变压器就位后，每天专人检查一次并做好检查记录；如干燥空气 (氮气) 有泄漏，要迅速联系变压器的厂家代表解决。

就位时检查好基础水平及中心线是否符合厂家及设计图纸要求，按设计图纸核对相序就位，并注意设计图纸所标示的基础中心线与本体中心线有无偏差。本体铭牌参数应与设计的型号、规格相符。

为防止雷击事故，就位后应及时进行不少于 2 点接地，接地应牢固可靠。

(四) 附件开箱验收及保管

附件到达现场后，会同监理、业主代表及厂家代表进行开箱检查。对照装箱清单逐项清点，对在检查中发现的附件损坏及漏项，应做好开箱记录，必要时应拍相片备查，各方代表签字确认。

变压器本体、有载气体继电器、压力释放阀及温度计等应在开箱后尽快送检。

将变压器 110～220kV 等级的套管竖立在临时支架上，临时支架必须稳固。对 500kV 的套管则不能竖立，而只能在安装之前用吊车吊起来做试验。对套管进行介损试验并测量套管电容；对套管升高座电流互感器进行变比等常规试验，合格后待用。竖立起来的套管要有相应防潮措施，特别是橡胶型套管不能受潮，否则将影响试验结果。

(五) 油务处理

变压器绝缘油如果是由桶盛装运输到货，据此现场需准备足够的大油罐（足够一台变压器用油）作为净油用。对使用的油罐要进行彻底的清洁及检查，如果是新的油罐，则必须彻底对油罐进行除锈，并涂刷上环氧红底漆，再涂 1032 绝缘漆或 H52-33 环氧耐压油防锈漆；旧油罐彻底清除原积油，抹干净，再用新合格油冲洗。油罐应能密封，在滤油循环过程中，绝缘油不宜直接与外界大气接触，大油罐必须装上呼吸器。

大储油罐摆放的场地应无积水，油罐底部需垫实，并检查储油罐顶部的封盖及阀门是否密封良好，并用塑料薄膜包好，防止雨水渗入储油罐内。

油管道禁用镀锌管，可用不锈钢管或软管，用合格油冲洗干净，管接头用法兰连接时法兰间密封垫材料应为耐压油橡皮。软油管采用具有钢丝编织衬层的耐油氯丁胶管，能承受全真空，与钢管连接头采用专门的卡子卡固或用多重铁丝扎牢，阀门选用密封性能好的铸钢截止阀。管道系统要进行真空试验，经冲洗干净的管道要严格封闭防止污染。

油处理系统以高真空滤油机为主体、油罐及其连接管道阀门组成，整个系统按能承受真空的要求装配。

绝缘油的交接应提前约定日期进行原油交接。当原油运至现场进行交接时，变压器厂家或油供应商应提供油的合格证明。交接时应检查油的数量是否足够，做好接收检验记录。

真空滤油。用压力式滤油机将变压器油注入事先准备好的油罐，再用高真空滤油机进行热油循环处理。油的一般性能分析，可依据出厂资料，但各罐油内的油经热油循环处理后试验数据须满足相关技术指标并提交油的试验报告。

(六) 滤油

先将桶装 (运油车上) 的油用滤油机抽到大油罐。原油静置 24h 后取油样送检；变压器本体、有载的绝缘油及到达现场的绝缘油必须分别取样送检；结果合格则可将油直接注入本体；不合格则开始进行滤油。

送检的每瓶油样必须注明工程名称、试验项目、取样地方等，试验项目一般有色谱、微水、耐压、介损、界面张力 (25℃)、简化、含气量 (为 500kV 等级项目)。安装前与安装后的试验项目略有不同。

滤油采用单罐的方式进行。确保每罐油的油质都达到规程规定的标准。

一般变压器油经过真空滤油机循环 3 次即能达到标准要求，静放规定时间后可取样试验，合格后将油密封保存好待用。

绝缘油处理的过程中，油温适宜 50~55℃ 范围，不能超过 60℃。防止由于局部位置过热而使油质变坏。

填写好滤油的记录，以备查或作为油务处理过程质量监督的依据。

(七) 变压器附件安装

1. 安装冷却装置

(1) 打开散热器上下油管及变压器本体上蝶阀密封板，清洗法兰表面，连接散热器短管。

(2) 将管口用清洁的尼龙薄膜包好；散热器在安装前要打开封板，把运输中防潮硅胶取出来，潜油泵的残油排净，取出防振弹簧，检查油泵、风扇转动情况是否可靠灵活，油流计触点动作正常，绝缘电阻应大于 10MΩ，连接油泵时须按油流方向安装。

(3) 用吊车将上下油管、散热器吊起组装，最后安装加固拉板并调节散热器的平行与垂直度，吊装散热器时必须使用双钩起重法使之处于直立状态，然后吊到安装位置，对准位置后再装配，其上下连接法兰中心线偏差不应大于 5mm，垫圈要放正。

（4）调整位置后先拧紧散热器与油泵相接处的螺栓，然后再拧紧散热器与变压器上部阀门相接处的螺栓。整个散热器固定牢固之后，方能取下吊车挂绳。

2. 套管升高座的安装

（1）吊装升高座、套管安装时，必然使器身暴露在空气中，在作业时则需向变压器油箱内吹入干燥空气。

（2）将干燥空气发生装置连接到变压器油箱的上部或中部阀，吹入干燥空气。吹入的干燥空气的露点必须低于 -40℃，并确认无水、锈斑及垃圾。

（3）拆除本体油箱上面套管升高座连接的封盖，清理干净法兰表面及垫圈槽，用新的密封垫圈放入法兰上的垫圈槽内，并涂上密封油脂，注意密封垫放置的位置应正确，法兰中临时盖上干净的塑料布待用。

（4）用吊车吊起套管升高座，拆下其下法兰的封盖并清洗法兰表面及内侧（升高座内的残油用油桶装起，避免洒落污染）。

（5）然后慢慢把升高座吊装在本体法兰上，拿开塑料布，确认变压器本体的法兰与套管升高座上的法兰配合的标记，用手拧上螺丝，最后用力矩扳手均匀拧紧螺丝；紧螺丝的过程中用对角紧法。

（6）安装过程应逐个进行，不要同时拆下两个或几个本体上升高座的封盖，以免干燥空气量不足，造成变压器器身受潮。

（7）各个电流互感器的叠放顺序要符合设计要求，铭牌朝向油箱外侧，放气塞的位置应在升高座最高处。

3. 套管的安装

（1）打开套管包装箱，检查套管瓷件有否损坏，并清洁瓷套表面。再用 1000 V 摇表测量套管绝缘电阻，其阻值应大于 1000MΩ。

（2）同时拆除器身套管法兰盖，用干净白布清洁法兰表面，之后给套管上垫圈及垫圈槽涂上密封剂，确认套管油位表的方向，慢慢地用吊车把套管吊起放入升高座内，注意套管法兰与升高座法兰对接时要小心套管下部瓷套不要与套管升高座法兰相碰；安装时不要同时打开两个或几个封盖。

（3）套管吊装完后的内部导线连接等工作由厂家的现场技术人员完成，施工单位协助。内部连接可选择在变压器内部检查时一同进行。

（4）套管就位后油标和铭牌向外（应改为便于运行观察方向），紧固套管法兰螺栓时，应对称均匀紧固。根据变压器组装外形图，变高、变中及变低套管是倾斜角度的安装方式，吊装前要准备充分。

（5）为不损坏套管，吊装时最好采用尼龙吊带，若采用钢丝绳时应包上保护材料；在链条葫芦碰及套管的地方包上保护材料。

4. 有载调压装置的安装

固定调压装置的传动盒，连接水平轴和传动管，操作机构后，手动操作机构调整有载调压的分接头，使两者的位置指示一致。转动部分应加上润滑脂。

5. 油枕的安装

根据出厂时的标记，安装及校正油枕托架，把连接本体上的油管固定好。在地面上放掉油枕里的残油，装上油位表，确认指针指示"0"位，并把油枕相关附件装好之后，吊到本体顶部与油管连接好，固定在油枕托架上。压力释放阀要在完成油泄漏试验后才装上。

6. 连管及其他配件安装

安装呼吸器和连通其油管，在安装温度表时，勿碰断其传导管，并注意不要损坏热感元件的毛细管，最后安装油温电阻元件、冷却器控制箱、爬梯及铭牌等。

二、断路器安装

（一）概述

高压断路器是变电站主要的电力控制设备。当电力系统正常运行时，断路器能切断和接通线路和各种电器设备的空载和负载电流；当系统发生故障时，断路器和继电保护配合，能迅速切除故障电流，以防止扩大事故范围。

在110～500kV电压等级的变电站建设中，110～500kV电压等级电力设备广泛采用六氟化硫断路器，10～35kV电压等级电力设备广泛采用真空断路器。这里以110～500kV电压等级，频率为50Hz的支柱式和罐式SF安装技术为例。

高压断路器类型很多、结构比较复杂，但总体上来看包括下述几个

部分:

开断元件:包括动、静触头以及消弧装置等。

支撑元件:用来支撑断路器的器身。

底座:用来支撑和固定断路器。

操动机构:用来操动断路器分、合闸。

传动元件:将操动机构的分、合运动传动给导电杆和动触头。

电气控制部分:实现断路器储能、操控、信号传输。

高压断路器安装作业流程:施工前准备→预埋螺栓安装→支架或底座安装→开关本体吊装→连杆等附件安装→充气→接线及试验。

(二) 施工准备

施工准备包括资料准备、技术准备、施工现场准备、施工机具和实验仪器的准备、安装设备和材料的检验保管。

(三) 预埋螺栓安装

把水泥基础预留孔清理干净,按图纸及支架尺寸画好中心线,然后用钢板做一个架子用于固定地脚螺栓,使其装上断路器支架刚好露出 3~5 扣,而后用混凝土灌浆,保养不少于 7d。

(四) 支架或底座安装

1. 分相断路器

将支架分别安装在预埋螺栓上,用水平仪通过调节地脚螺栓上的螺母使支架处于水平,底部螺栓全部拧紧,以待本体吊装;分相断路器机构箱按 A、B、C 相依次吊装在预埋基础上,用经纬仪校验后紧固地脚螺栓。

2. 三相联动断路器

三相联动断路器采用三极共用两个支架、一个横梁、一个操动机构,因此开关本体安装前必须先安装支架、横梁,并用螺栓、螺母和平垫紧固,然后测量调节,通过调节地脚螺栓上的螺母使横梁在横向和纵向都处于水平,紧固螺母并锁固。

(五) 充气

打开密度继电器充气接头的盖板，将充气接头与气管连接，将断路器充气至高于额定气压（0.02 ~ 0.03）MPa 的指针数。

(六) 试验

断路器试验包括检漏、微量水测量、绝缘电阻、回路电阻、直流电阻、电容器试验、分合闸时间、速度、同期试验、气体密度继电器、压力表及压力动作阀的校验、耐压试验等。将测量结果与出厂值进行对照，判断是否符合标准。其中微水测定应在断路器充气 48h 后进行，与灭弧室相通的气室、不与灭弧室相通的气室的微水应符合要求；分、合闸线圈的绝缘电阻不应低于 $10M\Omega$；耐压试验按出厂试验电压的 80% 进行。

(七) 质量控制措施及检验标准要点

断路器基础中心距离、高度误差不应大于 10mm，地脚螺栓中心距离误差不大于 2mm，各支柱中心线间应垂直，误差小于 5mm，相间中心距离误差小于 5mm。

断路器应固定牢固，支架与基础间垫铁不能超过 3 片，总厚度应小于 10mm。

断路器各零部件的安装应按编号和规定的顺序组装，不可混装。

绝缘部件表面应无裂缝、无剥落或破损，瓷套表面光滑无裂纹、缺损，套管与法兰的粘合应牢固，油漆完整，相色标志正确，接地良好。

组装用的螺栓、螺母等金属部件不应有生锈现象，安装时所有螺栓必须按要求达到力矩紧固值，密封应良好，密封圈无变形、老化。

断路器调整后的各项动作参数应符合产品的技术规定。断路器与操作机构联动正常，无卡阻现象，分、合闸指示正确，操作计数器正确，辅助开关动作正确、可靠，六氟化硫气体压力、泄漏率和含水量应符合规定，压力表报警、闭锁值符合设计要求。

三、隔离开关安装

(一) 概述

隔离开关是变电站利用其检修带电隔离、倒闸操作的重要高压开关之一。隔离开关没有灭弧装置，不能开断负荷电流和短路电流。隔离开关在电力网络中的主要用途有隔离电源、倒母线操作、接通和切断小电流的电路。

根据隔离开关装设地点、电压等级、极数和构造进行分类：

按装设地点分为：户内式和户外式两种。

按结构可分为：油、真空、六氟化硫、压气型等。

按极数可分为：单极和三极两种。

按支柱数目可分为：单柱式、双柱式、三柱式三种。

按闸刀动作方式可分为：闸刀式、旋转式、插入式三种。

按所配操动机构可分为：手动、电动、气动、液压四种。

这里介绍适用于 110～500kV 电压等级、频率为 50Hz 的垂直断口隔离开关、水平断口隔离开关安装作业。

隔离开关主要由下述几个部分组成。①支持底座：起支持固定作用。②导电部分：传导电路中的电流。③绝缘子：将带电部分和接地部分绝缘开来。④传动机构：将运动传给触头，以完成闸刀的分、合闸动作。⑤操作机构：通过手动、电动、气动、液压向隔离开关的动作提供能源。

隔离开关安装作业流程：施工前准备→设备支架安装→设备开箱及附件清点→单相安装→操作机构箱安装→连杆及组件安装→隔离开关调整→静触头安装→接线及试验→隔离开关再次调整。

(二) 施工准备

技术准备：按规程、生产厂家安装说明书、图纸、设计要求及施工措施对施工人员进行技术交底，交底要有针对性。

人员组织：技术负责人、安装负责人、安全质量负责人和技术工人。

机具的准备：按施工要求准备机具，并对其性能及状态进行检查和维护。

施工材料准备：槽钢、钢板、螺栓等。

(三) 设备支架安装

把水泥基础预留孔清理干净，将设备支架吊入基础孔内，用仪器或线坠调整支架垂直度，使其误差不超过 8mm。

(四) 设备开箱及附件清点

设备开箱会同监理、业主及厂家代表根据装箱清单清点设备的各组件、附件、备件及技术资料是否齐全，检查设备外观是否有缺损，发现的缺件及缺陷应作好记录并通知厂家处理。

(五) 单相安装

垂直断口隔离开关安装，先将底座装配用螺栓固定在基础上，固定时应注意放置好斜垫圈，且将带铭牌的底座装配放在中间相，将主闸刀用吊机吊起，然后用人工扶起上节支柱瓷瓶和旋转瓷瓶，用螺栓固定，组装完上节瓷瓶后再将下节瓷瓶扶起组装，全部组装完毕后吊装在底座装配平面上，用螺栓紧固。

双柱式水平断口隔离开关则分相吊装至安装位置。

六柱水平断口隔离开关瓷瓶分别吊装到各相底座的两端，并用螺栓固定；将三柱导电杆装配的瓷瓶分别吊装到各相底座的中间位置，并用螺栓固定。吊装时注意底座下方三极联动拐臂中心线应与底座中心线成大约35°夹角，当开始分闸时，拐臂中心线应向底座中心线靠拢。

(六) 操作机构箱安装

按设计图纸将操作机构安装在固定高度，并固定在主极 (中间极) 的镀锌钢管上。

将操作机构放在一个适当高的架子上，从主极隔离开关旋转瓷瓶下方的主轴，使得主轴中心与操作机构输出轴中心对中；同时用水平尺测量并调整操作机构各个面的水平度或垂直度，然后用适当长的槽钢将机构箱与抱箍焊接 (或用螺丝固定)。

(七) 连杆及组件安装

将三相联动隔离开关拐臂用圆头键装在中极，并用螺栓顶紧；将拐臂用月形键装在两边极，并用卡板挡住。将调角联轴器插入机构输出轴上，并使调角联轴器的中心与拐臂的中心对中；将接头用圆头键连接到拐臂中，将主闸刀放到合闸位置，用手柄将机构顺时针摇到终点位置，再反方向摇 4 圈，将镀锌钢管一端插入接头中焊牢，另一端插入调角联轴器装配上端垂直焊牢。

横连杆安装时将主刀置于分闸或合闸位置，并将拐臂调到正确位置，然后截取适当长的钢管焊接到拐臂装配上。在焊接横连杆时须注意两条横连杆在同一直线上，不在同一直线上时调整接头装配在拐臂长孔中的位置。

分相操作隔离开关则不需要安装连杆。

四、负荷开关安装

(一) 概述

负荷开关是一种功能介于高压断路器和高压隔离开关之间的电器，常与高压熔断器串联配合使用；用于控制电力变压器；可作为环网供电或终端，起着电能的分配、控制和保护的作用。负荷开关具有简单的灭弧装置，因为能通断一定的负荷电流和过负荷电流。但是它不能断开短路电流，所以它一般与高压熔断器串联使用，借助熔断器来进行短路保护。

(二) 负荷开关吊装

将开关吊点用钢丝套连接，控制夹角为120°左右，并装好开关上的设备线夹，杆上挂滑车组及穿好绳套，在杆上用卷尺量好安装位置做好标记，一端由地面工拴绳套用卸扣固定于钢丝套上。

开关上系上控制拉绳1~2根，另一端放至地面再拉住，互相配合，慢慢吊起，杆上操作应防止被开关撞到身体及脚扣和挂住安全带，一般采取一人在就位点上方、一人下方的站位方法。

(三) 安装开关

起吊到位后拉绳稳固，可缠绕电杆3～4圈。在杆上将开关与地面拉控制绳人员配合校正开关贴近电杆，拧开螺栓将抱箍套上电杆拧螺栓，同时协调好安装位置，尽量平、正，注意静触点在送电侧方向。

(四) 校正开关

用控制绳、小榔头、肩部校正扭斜后，拧紧。

(五) 装、接导线

在杆上拆开导线，装瓷横担，并用扎线固定导线，然后量取好至开关设备线夹距离，注意弧度自然、美观、电气间隙是否足够等问题。

(六) 安装接地

安装开关接地线3处 (弯度与开关20mm)，后沿电杆紧贴引下并每隔1～1.5m用铝线绑扎固定。

(七) 安装操作杆

将操作杆吊上连接开关，装抱箍及联络杆段，吊上操动机构安装于一定高度2.5m以上，并试操作分、合3～4次。

(八) 试验

负荷开关试验包括测量绝缘电阻、测量高压限流熔丝管熔丝的直流电阻、测量负荷开关导电回路的电阻、交流耐压试验、检查操动机构线圈的最低动作电压、操动机构的试验。测量结果与出厂值进行对照，判断是否符合标准。

(九) 质量控制措施及检验标准要点

开关装好后应使接线连接良好、美观、自然，开关高度合适，静触头方向正确。

螺栓应紧固，试操作应灵活无异常，分、合指示清晰。

接地连接接触应良好、平整、无扭斜，电气间隙应符合要求，相与相间30cm，相和电杆、构件间20cm。

第三章 电力系统概述

第一节 电力系统的基本概念及要求

一、电力系统的基本构成

电力系统主要由发电厂、输变电线路、配电系统及用电负荷组成（如果将发电厂内的原动机部分也计入其中，则称为动力系统），其覆盖地域较广。电力系统的功能是将原始能源转换为电能，经过输电线路送至配电系统，再由配电线路把电能分配给负荷（用户）。原始能源主要是水力能源与火力能源（煤、天然气、石油、核聚变裂变燃料等），至于地热、潮汐、风力、太阳能等尚处于小容量发展阶段。在火力发电厂（或核电站）中，先由锅炉将化学能转变为热能（或由核反应堆将核能转变为热能），再由汽轮机将热能转换为机械能（若由天然气或水力发电，则直接由燃气轮机将化学能转换为机械能，或由水轮机将势能转换为机械能），最后由发电机将机械能转换为电能。输电线连接发电厂与配电系统以及与其他系统实行互连。配电系统连接由输电线供电局域内的所有负荷。电力负荷包括电灯、电热器、电动机（感应电动机、同步电动机等）、整流器、变频器和其他装置。在这些设备中电能又将转换为光能、热能、机械能等。现将电力系统的各组成部分分述如下：

(一) 发电厂

发电厂的作用是产生电能，即发电厂将其他形式的一次能源经过发电设备转换为电能。发电厂根据利用的能源不同可分为火力发电厂、水力发电厂、核能发电厂，以及利用其他能源（如地热、风力、太阳能、石油、天然气、潮汐能等）的发电厂。目前，在我国大型电力系统中占主要地位的发电厂是火力发电厂，其次是水力和原子能发电厂。

为了充分、合理地利用动力资源，缩短燃料的运输距离，降低发电成本，火力发电厂一般建设在燃料产地，而水力发电厂只能建在水力资源丰富的地方。因此，发电厂往往远离城市和工业企业，即用电中心地区，故必须进行远距离输电。

(二) 电力网 (输配电系统)

电能的输送和分配是由输配电系统完成的，输配电系统又称电力网。目前的电力网输电形式可以分为交流输电与直流输电两种形式，其中交流输配电系统包括电能传输过程中途经的所有变电所，配电所中的电气设备和各种不同电压等级的电力线路。实践证明，输送的电力愈大，输电距离愈远，选用的输电电压就愈高，这样才能保证在输送过程中的电能损耗下降。但从用电角度考虑，为了用电安全和降低用电设备的制造成本，则希望电压低一些。因此，一般发电厂发出的电能都要先经过升压，然后由输电线路送到用电区，再经过降压，最后分配给用户使用，即采用高压输电、低压配电的方式。变电所就是完成这种任务的场所，在发电厂设置升压变电所将电压升高以利于远距离输送，在用电区则设置降压变电所将电压降低以供用户使用。

降压变电所内装设有受电、变电和配电设备，其作用是接受输送来的高压电能，经过降压后将低压电能进行分配。而对于低压供电的用户，只需再设置低压配电所即可。配电所内不设置变压器，它只能接受和分配电能。

但当输电的距离很远时，直流输电相比交流输电更加经济。在远距离或超远距离传输过程中，直流输电的线路造价低，运行的电能损耗小，线路走廊窄，这些优势可以减少电缆费用、传输损耗费用以及征地费用。但直流输电的主要缺点是难于引出分支线路，绝大部分只能采取端对端的输送方式。直流输电是将三相交流电通过换流站将整流电变成直流电，然后通过直流输电线路送往另一个换流站逆变成三相交流电的输电方式。它基本上由两个换流站和直流输电线路组成，两个换流站与两端的交流系统相连接。

(三) 电力用户

电力系统的用户又称用电负荷，可分为工业用户、农业用户、公共事业用户和人民生活用户等。根据用户对供电可靠性的不同要求，目前我国将用电负荷分为以下三级：

（1）一级负荷：对这一级负荷中断供电会造成人身伤亡事故或造成工业生产中关键设备难以修复的损坏，致使生产秩序长期不能恢复正常，造成国民经济的重大损失；或使市政生活的重要部门发生混乱等。当中断供电将造成人员伤亡或重大设备损坏或发生中毒、爆炸和火灾等情况的负荷，以及特别重要场所的不允许中断供电的负荷，应视为一级负荷中特别重要的负荷。

（2）二级负荷：对这一级负荷中断供电将引起大量减产，造成较大的经济损失；或使城市大量居民的正常生活受到影响等。

（3）三级负荷：对这一级负荷的短时供电中断不会造成重大损失。

对于不同等级的用电负荷，应根据其具体情况采取适当的技术措施来满足它们对供电可靠性的要求。一级负荷要求由双重电源供电，当一电源发生故障时，另一电源不应同时受到损坏。一级负荷中特别重要的负荷供电，除应由双重电源供电外，还应增设应急电源，并严禁将其他负荷接入应急供电系统。当工作电源出现故障时，由保护装置自动切除故障电源，同时由自动装置将备用电源自动投入或由值班人员手动投入，以保证对重要负荷连续供电。对于二级负荷，宜由双回路线路供电。在负荷较小或地区供电条件困难时，二级负荷可由单回路6kV及以上专用的架空线路供电。对于三级负荷，通常采用单回路线路供电。

电力系统可以用一些基本参量加以描述。如总装机容量：系统中所有发电机组额定有功功率的总和，以兆瓦（MW）计；年发电量：系统中所有发电机组全年所发电能的总和，以兆瓦·时（MW·h）计；最大负荷：指规定时间（一天、一月或一年）内电力系统总有功功率负荷的最大值，以兆瓦（MW）计；年用电量：接在系统上所有用户全年所用电能的总和，以兆瓦·时（MW·h）计；额定频率：我国规定的交流电力系统的额定频率为50Hz；最高电压等级：电力系统中最高电压等级的电力线路的额定电压，以千伏（kV）计。

二、电力系统运行的特点和要求

（一）电力系统运行的特点

电力系统运行的特点，概括起来有以下几方面：

1.发供用电的连续性

现阶段电能尚不能大量地、廉价地存储，发、变、输、配以及用电几乎同时完成，其中任一环节出现故障，必将影响电力系统的运行。因此，必须努力提高各环节的可靠性，以保证电力系统的安全、经济、连续、可靠运行和对用户的不间断供电。

2.与国民经济各部门关系密切

电力工业与国民经济及人们生活息息相关，是国民经济发展的动力和基础，是人们生活的必需品。电力供应的中断或不足，将直接影响到社会生产、人们生活和国民经济的方方面面。若因电网故障发生重大事故，重新启动所需费用高，并且停电一次会导致几百万元到几十亿元的财产损失。

3.过渡过程的短暂性

电力系统中发电机、变压器、线路等元件的投入和切除要求非常迅速，由此而引起的系统电磁、机电暂态过程是非常短暂的。因此，正常和故障情况所进行的调整和切换操作非常迅速，必须依赖自动化程度高和动作可靠的继电保护设备及自动装置来完成。同时还需要大量的、高素质的专业人才来加以控制。

（二）电力系统运行的要求

根据电力系统运行的特点，电力系统的基本要求主要有以下几方面：

1.保证连续可靠的供电

供电的中断将使生产停顿、生活紊乱，甚至危害到设备和人身的安全，造成十分严重的后果。供电中断给国民经济造成的损失远远超过对电力系统本身造成的停电损失。因此，电力系统运行首先要满足连续可靠的要求；其次要提高运行和管理水平，防止发生误操作和不必要的人为操作失误使事故扩大；还要对设备的安全运行加大检查力度；最后要加强和完善电网本身的结构，增加备用容量和采用必要的自动化设备。

2.保证良好的电能质量

电能质量指标是指电压、频率和波形三者的变化不能超过允许的波动范围。电压的允许波动范围：35kV 及以上为 ±5%，10kV 及以下为 ±7%；频率的允许偏移为 50 ±（0.2 ~ 0.5）Hz（小系统为 ±0.5Hz，大系统为

±0.2Hz）；波形应为标准正弦波且谐波应不超过标准。电能质量合格，用电设备正常工作时具有最佳的技术经济效果；相反，电能质量不合格，不仅对用电设备运行产生影响，对电力系统本身也有危害。

3.保证电力系统运行的经济性

电力系统运行时，要尽可能地降低发电、变电和输配电过程中的损耗，最大限度地降低电能成本。这不仅意味着大量节约了能量资源，而且也降低了各用电部门的生产成本，使国民经济整体受益。

三、电压的变换和电能的传输

由发电厂产生的电能只有经过电压的变换和电能的传输之后才能进行使用，而这一过程是依靠各变电站和输电网完成的。变电站是联系发电厂和用户的中间环节，起着电能变换和分配的作用，是电力网的主要组成部分。

按功能划分，电力系统的变电站可分为两大类：

(一) 发电厂的变电站

发电厂的变电站又称发电厂的升压变电站，其作用是将发电厂发出的有功功率及无功功率送入电力网，因此其使用的变压器是升压型的，其中低压为发电机额定电压，高、中压主分接头电压为电网额定电压的110%。

(二) 电力网的变电站

一般选用降压型变压器，即作为功率受端的高压主分接头电压为电网额定电压，功率送端中、低压主分接头电压为电网额定电压的110%。具体选择应根据电力网电压调节计算来确定。所有发电厂发出的电力均需经过升压变电站连接到高压、超高压输电线路上，以便将电能送出。然后经过降压变电站降压后将电能分配至各个地区及用户中。

按照在电力系统中的位置，变电站也可分为以下几类：

1.枢纽变电站

枢纽变电站的主要作用是联络本电力系统中的各大电厂与大区域或大容量的重要用户，并与远方其他电力系统联络，是实现联合发、输、配电的枢纽，因此其电压最高，容量最大，是电力系统的最上层变电站。其连接电力系统中高压和中压的几个电压级，汇集多个电源，高压侧电压为330～500kV 的变电站，全所停电后将引起系统解列甚至瓦解。

2. 中间变电站

中间变电站的主要作用是对一个大区域供电，因此其高压进线来自枢纽变电站或附近的大型发电厂，其中，低压对多个小区域负荷供电，并可能接入一些中、小型电厂，是电力系统的中层变电站。其高压侧起转换功率的作用，通常汇集两三个电源，电压为 220～330kV，同时降压供给地区用电，全所停电后将引起电网解列。

3. 地区变电站

地区变电站的主要作用是对一个小区域或较大容量的工厂供电，高压侧电压为 110～220kV，以向地区用户供电为主。全所停电后，该地区将中断对用户的供电。

4. 终端变电站

终端变电站是电力系统最下层的变电站。其低压出线分布于用户中，并在沿途接入小容量变压器，降压供给小容量的生产和生活用电，个别工厂内会下设车间变电站对各车间供电；其高压侧电压为 110kV，处于输电线路终端，接近负荷点。全所停电后，有关用户将被中断供电。

四、电力系统的连接和电压等级

（一）电力系统的连接

电力系统中，发电厂和变电站之间的电气连接方式，是由它们之间的地理位置、负荷大小及其重要程度确定的。常用的几种连接方式如下：

（1）单回路接线。这种供电方式是单端电源供电的。当线路发生故障时，负荷将会停电，故不太可靠，这种接线适用于较不重要的负荷。

（2）双回路接线。虽然双回路接线方式也只有单电源供电，但是当双回路的某一条线路发生故障时，另一条输电线路仍可继续供电，故可靠性较高。同时，这两种回路接线接在发电厂不同组别的母线上，当某组母线出现故障时，另一组母线经另一输电线路可保持对负荷供电，故可靠性是足够高的。这种接线能担负对一、二类用户的供电。

（3）环形网络接线。如果一条线路发生故障，发电厂还可以经另外两条线路向负荷供电，故这种接线的可靠性也比较高。

(二) 电力网的额定电压

为了完成电能的输送和分配，电力网一般设置多种电压等级。所有用电设备、发电机和变压器都规定有额定电压，即正常运行时最经济的电压。电力网的额定电压是根据用电设备的额定电压制定的。

（1）发电机的额定电压比用电设备的额定电压高出 5%，这是由于一般电网中电压损耗允许值为 10%，而市用电设备的电压偏差允许值为 ±5%，且发电机接在电力网送电端，应比额定电压高。

（2）变压器一次侧相当于用电设备，二次侧是下一级电压线路的送电端，所以一次侧电压与用电设备的额定电压相等，而二次侧电压比用电设备电压高 10%（包括本身电压损耗 5%）。但在 3kV、6kV、10kV 电压时，若采用短路电压小于 7.5% 的配电变压器，则二次绕组的额定电压只高出用电设备电压的 5%。

（3）变压器一次绕组栏内的 3.15kV、6.3kV、10.5kV、15.75kV 电压适用于发电机端直接连接的升压变压器；二次绕组栏内的 3.3kV、6.6kV、11.0kV 电压适用于阻抗值在高于同级电网的变压器阻抗 7.5% 以上的降压变压器。

（4）一般将 35kV 及以上的高压线路称为输电线路，10kV 及以下的线路称为配电线路。其中，3~10kV 的线路称为高压配电线路，1kV 以下的线路称为低压配电线路。

(三) 电压等级的选择

对于某一电压等级的输电线路而言，其输送能力主要取决于输送功率的大小和输送距离的远近。由于各输电线路电压等级的选择是关系到电力系统建设费用的高低、运行是否方便、设备制造是否经济合理的一个综合性问题，因此要经过复杂的计算和技术比较才能确定。

五、电力系统负荷

(一)负荷构成

电力系统总负荷是所有用户用电设备所需功率的总和。这些设备包括异步电动机、同步电动机，电热器、电炉，照明和整流设备等，对于不同的行业，这些设备的构成比例不同。在工业部门用电设备中异步电动机所占比例最大。所有用户消耗功率之和称为电力系统综合用电负荷。综合用电负荷加上传输和分配过程中的网络损耗称为电力系统的供电负荷，即发电厂应供出的功率。供电负荷加上各发电厂本身消耗的厂用电功率即为发电机应发出的功率，称为电力系统的发电负荷。

(二)负荷曲线

在进行电力系统分析、计算及调度部门决定开停机时，必须知道负荷的大小。由于电力系统的负荷是随时间变化的，因此，电力网中的功率分布、功率损耗及电压损耗等都是随负荷变化而变化的。所以，在分析和计算电力系统的运行状态时，必须了解负荷随时间变化的规律。用户的用电规律通常以负荷曲线表示。

六、标幺值及其应用

(一)有名制和标幺制

进行电力系统计算时，除采用有单位的阻抗、导纳、电压、电流、功率等进行运算外，还可采用没有单位的阻抗、导纳、电压、电流、功率等的相对值进行运算。前者称为有名制，后者称为标幺制。标幺制是一种归一化算法，是把不同量程等级转化到同一尺度的量程等级进行比较分析。标幺制之所以能在相当宽广的范围内取代有名制，是由于标幺制具有计算结果清晰、便于迅速判断计算结果的正确性、可大量简化计算等优点。

在标幺制中，上述各量都以相对值出现，必然要有所相对的基准，即所谓基准值。基准值的单位应与有名值的单位相同是选择基准值的一个限制条件。选择基准值的另一个限制条件是阻抗、导纳、电压、电流、功率的基准值之间也应符合电路的基本关系。如阻抗、导纳的基准值为每相阻抗、导纳；电压、电流的基准值为线电压、线电流；功率的基准值为三相功率。

(二) 有名值的电压级归算

无论采用有名制还是标幺制，对多电压级网络而言，都需将参数或变量归算至同一电压级——基本级。常取网络中最高电压级为基本级。

(三) 标幺值的电压级归算

在多电压级网络中，标幺值的电压级归算有两条不同途径：一是将网络各元件阻抗、导纳以及网络中各点电压、电流的有名值都归算到同一电压级——基本级，然后除以与基本级相对应的阻抗、导纳、电压、电流基准值。

二是将未经归算的各元件阻抗、导纳以及网络中各点电压、电流的有名值除以由基本级归算到这些量所在电压级的阻抗、导纳、电压、电流基准值。

第二节　发电基础

发电厂按照使用能源的类型可以分为火力发电厂、水力发电厂、风力发电厂、核能发电厂以及其他可再生能源类型的发电厂。下面对这些类型的发电厂进行详细阐述。

一、火力发电

利用固体、液体、气体燃料的化学能来生产电能的工厂称为火力发电厂，简称火电厂。迄今为止，火电厂仍是世界上电能生产的主要方式，约占发电设备总装机容量的70%以上。我国和世界各国的火电厂使用的燃料大多以煤炭为主，其他还有以燃油、天然气以及生活和工业垃圾等为燃料的火电厂。火电厂在将一次能源转化为电能的过程中，一般要经过三次能量转换。首先是将燃料的化学能转化为热能，再经过原动机把热能转变为机械能，最后通过发电机将机械能转化为电能。

火电厂按照其生产方式不同又可以分为下列类型：

（1）凝汽式火电厂：将锅炉产生的过热蒸汽送到汽轮机，通过汽轮机带动发电机发电。而凝汽式火电厂的特点是将已做过功的蒸汽（乏汽）排入凝汽器，在凝汽器中凝结成水后再重新打入锅炉。在这一过程中，大量的热量被循环水带走，因此，凝汽式火电厂的热效率较低，一般只有30%～40%。

（2）热电厂：热电厂与凝汽式火电厂的主要不同点在于汽轮机中部分已经做过功的蒸汽，从中间抽出后供给热力用户，或经热交换器将水加热后再供给热力用户。由于热电厂减少了循环水带走的热量损失，因此热电厂的热效率较高，一般可以达到60%～70%。

二、水力发电

水力发电厂是利用河流等蕴藏的水能资源来生产电能的工厂，简称水电厂。水电厂将水的势能转换为电能只有两次能量转换过程，即通过原动机（水轮机）将水的势能转换为机械能，再通过发电机将机械能转变为电能。根据水利枢纽的布局不同，水电厂又可以分为堤坝式和引水式等类型。

（1）堤坝式水电厂。这种发电厂的厂房建在坝后，全部水压由坝体承受，厂房本身不承受水压。利用坝体抬高水位形成发电水头，再将高水位的水头引下来冲动水轮机，带动发电机发电。堤坝式水电厂按水头又可以分为坝后式和径流式两种，我国长江三峡、刘家峡和二滩等都属于坝后式水电厂，葛洲坝则为径流式水电厂。

（2）引水式水电厂。将水电厂建筑在山区水流湍急的河道上，或河床坡度较大的区段，用修隧道或渠道的方法形成水流落差来发电。这种发电厂多用于小水电站。

此外，为了系统调峰的需要，还有一些水电厂，在负荷较小时利用系统"多余"的电能，使机组按电动机—水轮机（水泵）方式运行，将下游的水抽到上游水库储存；而在系统负荷高峰时，使机组按水轮机—发电机方式运行，将水库中的蓄水转变为电能。这种水电厂一般称为抽水蓄能电厂。

三、风力发电

风是空气流动所产生的。由于地球的自转、公转以及地表的差异，地面各处接受太阳辐射强度也有所差异的，产生大气温差，从而产生大气压差，形成空气的流动。风能就是指流动的空气所具有的能量，是由太阳能转化而来的。因此，风能是一种干净的自然能源、可再生能源，同时风能的储量十分丰富。据估算，全球大气中总的风能约为 10^{14}kW，其中可被开发利用的风能约为 2×10^{9}kW，比世界上可利用的水能大 10 倍。因此，风能的开发利用具有非常广阔的前景。

风能与近代广为开发利用的化石燃料和核能不同，它不能直接储存起来，是一种过程性能源，只有转化成其他形式的可以储存的能量才能储存。人类利用风能(风车)已有几千年的历史，主要用于碾谷和抽水，目前对风能的利用主要是风力发电。由于火力发电和核裂变能发电在一次能源的开发、电能的生产过程中会造成环境污染，同时资源的储存量正在日益减少，而风力发电没有这些问题，且风力发电技术日趋成熟，产品质量可靠，经济性日益提高，发展速度非常快。风力发电机组由风力机和发电机及其控制系统组成，其中风力机完成风能到机械能的转换，发电机及其控制系统完成机械能到电能的转换。风力发电的运行方式通常可分为独立运行和并网运行。

(一) 独立运行

发电机组的独立运行是指机组生产的电能直接供给相对固定用户的一种运行方式。独立运行风力发电系统(简称风电系统)包括以下主要部件：

(1) 风力发电机组(简称风电机组)。与公共电网不相连，是可独立运行的风力发电机系统。

(2) 耗能负载。持续大风时，用于消耗风电机组发出的多余电能。

(3) 蓄电池组。由若干蓄电池经串联组成的储存电能的装置。

(4) 控制器。系统控制装置主要功能是对蓄电池进行充电控制和过放电保护，同时对系统输入、输出功率起到调节与分配作用，以及系统赋予的其他监控功能。

(5) 逆变器。将直流电转换为交流电的电力电子设备。

(6) 直流负载。以直流电为动力的装置或设备。

(7) 交流负载。以交流电为动力的装置或设备。

为提高风电系统的供电可靠性，可设置柴油发电机组作为系统的备用电源和蓄电池组的应急充电电源。独立运行的风力发电机输出的电能经蓄电池蓄能，再供应用户使用。如用户需要交流电，则需在蓄电池与用户负荷之间加装逆变器。5kW 以下的风力发电机多采用这种运行方式，可供电网达不到的边远地区的负荷用电。风能具有随机性，蓄能装置（多采用铅酸蓄电池和碱性蓄电池）是为了保证电能用户在无风期间内可以不间断地获得电能而配备的设备；另一方面，在有风期间，当风能急剧增加或用户负荷较低时，蓄能装置可以吸收多余的电能。

当然，为了实现不间断的供电，风力发电系统还可与其他动力源联合使用，互为补充，如风力—柴油发电系统联合运行，风力—太阳能发电系统联合运行。

（二）并网运行

风力机与电网连接，向电网输送电能的运行方式称为并网运行，它是克服风的随机性而带来的蓄能问题的最稳妥易行的运行方式，并可达到节约矿物燃料的目的。10kW 以上直至兆瓦级的风力机皆可采用这种运行方式。在风能资源良好的地区，将几十、几百台或几千台单机容量从数十千瓦、数百千瓦直至兆瓦级以上的风力机组按一定的阵列布局方式成群安装组成的风力机群体，称为风力发电场，简称风电场。风电场属于大规模利用风能的方式，其发出的电能全部经变电设备送往大电网。风电场是在大面积范围内大规模开发利用风能的有效形式，弥补了风能能量密度低的弱点。风电场的建立与发展可带动和促进形成新的产业，有利于降低设备投资及发电成本。

四、核能发电

核电厂（又称核电站）是利用核能发电的工厂。核能又称原子能，因此核电厂也称原子能发电厂。核能的利用是现代科学技术的一项重大成就。从 20 世纪 40 年代原子弹的出现开始，核能就逐渐被人们所掌握，并陆续用于工业、交通等许多部门，为人类提供了一种新的能源。核能分为核裂变能和核聚变能两类。由于核聚变能受控难度较大，目前用于发电的核能主要是核裂变能。

核能发电过程与火力发电过程相似，只是核能发电的热能是利用置于核反应堆中的核燃料在发生核裂变时释放出的能量而得到的。根据核反应堆型式的不同，核电厂可分为轻水堆型、重水堆型及石墨气冷堆型等。目前世界上的核电厂大多采用轻水堆型。轻水堆型又有压水堆型和沸水堆型之分。

在沸水堆型核能发电系统中，水直接被加热至沸腾而变成蒸汽，然后汽轮机做功，带动发电机发电。沸水堆型的系统结构比较简单，但由于水是在沸水堆内被加热的，其堆芯体积较大，并有可能使放射性物质随蒸汽进入汽轮机，对设备造成放射性污染，使其运行、维护和检修变得复杂和困难。为了避免这个缺点，世界上 60% 以上的核电厂采用压水堆型核能发电系统。与沸水堆型系统不同，压水堆型系统中增设了一个蒸汽发生器，从核反应堆中引出的高温水蒸气，进入蒸汽发生器内，将热量传给另一个独立系统的水，使之加热成高温蒸汽以推动汽轮发电机组旋转。由于在蒸汽发生器内两个水系统是完全隔离的，所以不会对汽轮机等设备造成放射性污染。我国的核电站即以压水堆型为主。

五、太阳能发电

太阳能是太阳内部连续不断的核聚变反应过程产生的能量，地球上几乎所有其他能源都直接或间接地来自太阳能（核能和地热能除外）。巨大的太阳能是地球的能源之母、万物生长之源，据估计尚可维持数十亿年之久。太阳能是可再生能源，资源丰富，遍地都有，既可免费使用，又无须开采和运输，还是清洁而无任何污染的能源，但太阳能的能流密度较低，还具有间歇性和不稳定性，给开发利用带来不少的困难。因此，在常规能源日益紧缺、环境污染日趋严重的今天，充分利用太阳能显然具有持续供能和保护环境双重伟大的意义。太阳能由于可以转换成多种其他形式的能量，其应用的范围非常广泛，主要有太阳能发电、太阳能热利用、太阳能动力利用、太阳能光化利用、太阳能生物利用和太阳能光利用等。

（一）太阳能热发电

将吸收的太阳辐射热能转换成电能的发电技术称为太阳能热发电技术，它包括两大类型：一类是利用太阳热能直接发电，如半导体或金属材料的温差发电、真空器件中的热电子和热离子发电以及碱金属热电转换和磁流体发电等。这类发电的特点是发电装置本体没有活动部件，但目前此类发电量小，有的方法尚处于原理性试验阶段。另一类是太阳热能间接发电，就是利用光—热—电转换，即通常所说的太阳能热发电。将太阳热能转变为介质的热能，通过热机带动发电机发电，其基本组成与火力发电设备类似，只不过其热能是从太阳能转换而来，即用"太阳锅炉"代替火电厂的常规锅炉。

太阳能热发电的种类不少，但都是太阳辐射能→热能→机械能→电能的能量转换过程，因此典型的太阳能热发电系统的构成由聚光聚热装置、中间热交换器、储能系统、热机与发电机系统等组成。

（二）太阳能光发电

太阳能光发电是指不通过热过程直接将太阳的光能转换成电能的太阳能发电方式。它可分为光伏发电、光感应发电、光化学发电、光生物发电，其中光伏发电是太阳能光发电的主流，光感应发电和光生物发电目前还处于原理性试验阶段，光化学发电具有成本低、工艺简单等优点，但工作稳定性等问题尚需要解决。因此，通常所说的太阳能光发电就指光伏发电。光伏发电是根据光生伏特效应原理，利用太阳能电池（光伏电池）将太阳能直接转化成电能。太阳能电池是一种具有光电转换特性的半导体器件，能直接将太阳辐射能转换成直流电，是光伏发电的最基本单元。太阳能电池特有的电特性是借助于在晶体硅中掺入某些元素（如磷或硼等），从而在材料的分子电荷中造成永久的不平衡，形成具有特殊电性能的半导体材料。在阳光照射下，具有特殊电性能的半导体内可以产生自由电荷，这些自由电荷定向移动并积累，从而在其两端形成电动势，当用导体将其两端闭合时便产生电流。这种现象称为"光生伏特效应"，简称"光伏效应"。

应用最广的太阳能电池是晶体硅太阳能电池，它由半导体材料组成，厚度大约为0.35mm，分为两个区域：一个是正电荷区，另一个是负电荷区。

负电荷区位于电池的上层，这层由掺有磷元素的硅片组成；正电荷区置于电池表层的下面，由掺有硼元素的硅片制成；正负电荷界面区域称为 PN 结。当阳光投射到太阳能电池时，太阳能电池内部产生自由电子 - 空穴对，并在电池内扩散。自由电子被 PN 结扫向 N 区，空穴被扫向 P 区，在 PN 结两端形成电压，当用金属线将太阳能电池的正负极与负载相连时，外电路就形成了电流。每个太阳能电池基本单元 PN 结处的电动势大约为 0.5V，此电压值大小与电池片的尺寸无关。太阳能电池的输出电流受自身面积和日照强度的影响，面积较大的电池能够产生较强的电流。

光伏发电具有安全可靠、无噪声、无污染、制约少、故障率低等优点，在我国西部广袤严寒、地形多样的农牧民居住地区，发展太阳能光伏发电有着得天独厚的条件和非常现实的意义。

六、生物质发电

生物质能是绿色植物通过叶绿素将太阳能转化为化学能而储存在生物质内部的能量，一直是人类赖以生存的重要能源，通常包括木材和森林工业废弃物、农业废弃物、水生植物、油料植物、城市与工业有机废弃物和动物粪便等。生物质能由太阳能转化而来，是可再生能源。

开发利用生物质能，具有很高的经济效益和社会效益，主要体现在：生物质能是可再生能源，来源广、便宜、容易获得，并可转化为其他便于利用的能源形式，如燃气、燃油、酒精等；生物质燃烧产生的污染远低于化石燃料，并使得许多废物、垃圾的处置问题得到解决，有利于环境保护。以生物质能为能源发电，只是其中利用的一种形式。由于生物质能表现形式的多样性，以及将生物质原料转换成能源的装置不同，生物质能发电厂的种类较多，规模大小受生物质能资源的制约，主要有垃圾焚烧发电厂、沼气发电厂、木煤气发电厂、薪柴发电厂、蔗渣发电厂等。尽管如此，从能源转换的观点和动力系统的构成来看，生物质能发电与火力发电基本相同。利用生物质能发电，一种是将生物质原料直接或处理后送入锅炉燃烧把化学能转化为热能，以蒸汽作为工质进入汽轮机驱动发电机，如垃圾焚烧发电厂。另一种是将生物质原料处理后，形成液体燃料或气体燃料直接进入发电机驱动发电机发电，如沼气发电厂。因此，利用生物质能发电的关键在于生物质原料的处理和转换技术。除了直接燃烧外,利用现代物理、生物、化学等技术,可以把生物质资源转化为液体、气体或固体形式的燃料和原料。目前研究开发的转换技术主要分为物理干馏、热解法和生物、化学发酵法几种,包括干馏制取木炭技术、生物质可燃气体(木煤气)技术、生物质厌氧消化(沼气制取)技术和生物质能生物转换技术。

(一) 生物质转化的能源形式

通过转换技术得到的能源形式有如下几种:

(1) 酒精(乙醇)。它被称为绿色"石油燃料",把植物纤维素经过一定的加工改造、发酵即可获得。用酒精作燃料,可大大减少石油产品对环境的污染,而且其生产成本与汽油基本相同。

(2) 甲醇。它是由植物纤维素转化而来的重要产品,是一种环境污染很小的液体燃料。甲醇的突出优点是燃烧中碳氢化合物、氧化氮和一氧化碳的排放量很低,而燃烧率比较高。

(3) 沼气。它是在极严格的厌氧条件下,有机物经多种微生物的分解与转化作用产生的,是高效的气体燃料,主要成分为甲烷(55% ~ 70%)、二氧化碳(30% ~ 35%)和极少量的硫化氰、氢气、氨气、磷化三氢、水蒸气等。

(4) 可燃气体(木煤气)。它是可燃烧的生物质,如木材、锯末屑、谷壳、果壳等,在高温条件下经过干燥、干馏热解、氧化还原等过程后产生的可燃混合气体,其主要成分有可燃气体 CO、H_2 等及不可燃气体 N_2 和少量水蒸气。不同的生物质资源汽化产生的混合气体各成分含量有所差异。生物质气化产生的混合气体与煤、石油经过汽化产生的可燃混合气体煤气的成分大致相同,另外,汽化过程还有大量煤焦油产生,它是由生物质热解释放出的多种碳氢化合物组成的,也可作为燃料使用。

(5) 固体燃料。它包括生物质干馏制取的木炭和生物质挤压成型的固体燃料。为克服生物质燃料密度低的缺点,采取将生物质粉碎成一定细度后,在一定的压力、温度和湿度条件下,挤压成棒状、球状、颗粒状的生物质固体燃料。生物质经挤压成型加工,密度大大增加,热值显著提高,与中质煤相当,便于储存和运输,并保持了生物质挥发性高、易着火燃烧、灰分及含硫量低、燃烧产生污染物较少等优点。如果再利用生物质炭化炉还可以将成型生物质固体燃料进一步炭化，生产生物炭。由于在隔绝空气条件下，生物质被高温分解，生成燃气、焦油和炭，其中的燃气和焦油又从炭化炉释放出去，所以最后得到的生物炭燃烧效果显著改善，烟气中的污染物含量明显降低，是一种高品质的民用燃料，优质的生物炭还可以用于冶金工业。

(6) 生物油。某些绿色植物能够迅速地把太阳能转变为烃类，而烃类是石油的主要成分。植物依靠自身的生物机能转化为可利用的燃料，是生物质能源的生物转换技术。对这些植物的液体 (实际是一种低分子量的碳氢化合物) 加以提炼，得到的"绿色石油"燃烧时不会产生一氧化碳和二氧化硫等有害气体，不污染环境，是一种理想的清洁生物燃料。

(二) 生物质能发电的特点

(1) 生物质能发电的重要配套技术是生物质能的转换技术，且转化设备必须安全可靠、维护方便。

(2) 利用当地生物资源发电的原料必须具有足够数量的储存，以保证连续供应。

(3) 发电设备的装机容量一般较小，且多为独立运行的方式。

(4) 利用当地生物质能资源就地发电，就地利用，不需外运燃料和远距离输电，适用于居住分散、人口稀少、用电负荷较小的农牧业区及山区。

(5) 城市粪便、垃圾和工业有机废水对环境污染严重，用于发电，则化害为利，变废为宝。

(6) 生物质能发电所用能源为可再生能源，资源不会枯竭、污染小、清洁卫生，有利于环境保护。

我国城市垃圾处理以填埋和堆肥为主，既侵占土地又污染环境。垃圾焚烧技术可以在高温下对垃圾中的病原菌彻底杀灭达到无害化处理目的，焚烧后灰渣只占原体积的5%，达到减量化的目的。采用垃圾焚烧发电，不仅具有以上优点，还可回收能源，是目前发达国家广泛采用的城市垃圾处理技术。垃圾焚烧发电技术的关键在于焚烧技术，即垃圾焚烧炉技术，现有方式主要有层状焚烧、沸腾焚烧和旋转焚烧，其中以层状焚烧应用最广。层状焚烧的垃圾锅炉的垃圾焚烧过程，是通过可移动的、有一定倾斜角的炉排片使垃圾在炉床上缓慢移动，并不断地翻转、搅拌，修之松散，甚至开裂和破碎，以保证垃圾逐渐干燥，着火燃烧，直至完全燃尽，垃圾焚烧产生的尾气中，有一定量的粉尘、HCl、NO、SO_2，因此要严格控制燃烧工况 (空气量、燃烧温度、炉内停留时间) 并安装各种尾气净化设备。此外，垃圾中可燃废弃物的质量和数量随季节和地区的不同而发生变化，垃圾发电的发电量波动性大，稳定性差。

沼气发电站主要由发电机组 (沼气发动机和发电机)、废热回收装置、控制和输配电系统、气源工程和辅助建筑物等构成。生产过程为：消化池产生的沼气经汽水分离、脱硫化氢和脱二氧化碳等净化处理，由储气柜输送至稳压箱稳压后，进入沼气发动机驱动发电机发电。而沼气发动机排出的废气和冷却水中的热量，则通过废热回收装置进行回收后，作为消化池料液加温热源或其他用途而得到充分利用。

七、潮汐发电

潮汐能是指海水潮涨和潮落形成的水的势能，多为 10m 以下的低水头，平均潮差在 3m 以上就有实际应用价值。潮汐电站目前已经实用化。在潮差大的海湾入口或河口筑坝构成水库，在坝内或坝侧安装水轮发电机组，利用堤坝两侧潮汐涨落的水位差驱动水轮发电机组发电。潮汐电站有单库单向式、单库双向式、双库式等几种形式。

(1) 单库单向式潮汐电站。这种电站只建一个水库，安装单向水轮发电机组，因落潮发电可利用的水库容量和水位差比涨潮大，这种电站常采用落潮发电方式。涨潮时打开水库闸门向水库充水，平潮时关闸；落潮后，待水库内外有一定水位差时开闸，驱动水轮发电机组发电。单库单向式潮汐电站结构简单，投资少，但一天中只有1/3左右的时间可以发电。为了利用库容多发电，可采用发电结合抽水蓄能式，在水头小时，用电网的电力将海水抽入水库，以提高发电水头。

(2) 单库双向式潮汐电站。这种电站只建一个水库，安装双向水轮发电机组或在水工建筑布置上满足涨潮和落潮双向发电要求，比单库单向式可增加发电量约25%，同样可采用发电结合抽水蓄能式，但仍存在间歇性发电的缺点。

(3) 双库式潮汐电站 (高低库)。这种电站建有两个相邻的水库，两库之间安装单向水轮发电机组。涨潮时，向高水库充水；落潮时，由低水库泄水，高、低库之间始终保持水位差，水轮发电机组连续发电。潮汐电站采用贯流式水轮机，有灯泡贯流式和全贯流式两种型式。灯泡贯流式机组是潮汐发电中的第一代机型，全贯流式机组为第二代机型。

第三节　电力系统设备

一、发电设备

(一) 发电机

发电机是指将其他形式的能源转换成电能的机械设备，它由水轮机、汽轮机、柴油机或其他动力机械驱动，将水流、气流、燃料燃烧或原子核裂变产生的能量转化为机械能传给发电机，再由发电机转化为电能。发电机通常由定子、转子、端盖及轴承等部件构成。定子由定子铁芯、线包绕组、机座以及固定这些部分的其他结构件组成。转子由转子铁芯 (或磁极、磁扼) 绕组、护环、中心环、滑环、风扇及转轴等部件组成。由轴承及端盖将发电机的定子、转子连接组装起来，使转子能在定子中旋转，做切割磁感线的运动，从而产生感应电势，通过接线端子引出，接在回路中，便产生了电流。

发电机可分为直流发电机和交流发电机。其中，交流发电机分为同步发电机和异步发电机 (很少采用)；交流发电机还可分为单相发电机与三相发电机。另外，从产生方式上发电机可分为汽轮发电机、水轮发电机、柴油发电机、汽油发电机等；从能源上发电机可分为火力发电机、水力发电机、风力发电机等。

(二) 光伏发电系统

太阳能光伏发电是利用太阳电池半导体材料的光电效应，将太阳光辐射能直接转化为电能的一种新型发电方式。该系统主要由太阳能电池板、控制器和逆变器三大部分组成。太阳能电池经过串联后进行封装保护可形成大面积的太阳电池组件，再配合上功率控制器等部件就形成了光伏发电装置。

二、输变电设备

输变电系统是由一系列电气设备组成的。发电站发出的强大电能只有通过输变电系统才能输送到电力用户。除了变压器、导线、绝缘子、互感器、避雷器、隔离开关和断路器等电气设备外，还有电容器、套管、阻波器、电缆及电抗器和继电保护装置等，这些都是输变电系统中必不可缺的设备。下面对输变电系统的主要电气设备及其功能进行简单介绍。

（一）输变电系统的基本电气设备

1. 导线

导线的主要功能就是引导电能实现定向传输。导线按其结构可以分为两大类：一类是结构比较简单不外包绝缘层的称为电线；另一类是外包特殊绝缘层和铠甲的称为电缆。电线中最简单的是裸导线，裸导线结构简单，使用量最大，在所有输变电设备中，它消耗的有色金属最多。电缆的用量比裸导线少得多，但是因为它具有占用空间小，受外界干扰少，比较可靠等优点，所以也占有特殊地位。电缆不仅可埋在地里，还可浸在水底，因此在一些跨江过海的地方都离不开电缆。电缆的制造比裸导线要复杂得多，这主要是因为要保证它的外皮和导线间的可靠绝缘。输变电系统中采用的电缆称为电力电缆。此外，还有供通信用的通信电缆等。

2. 变压器

变压器是利用电磁感应原理对变压器两侧交流电压进行变换的电气设备。为了大幅度地降低电能远距离传输时在输电线路上的电能损耗，发电机发出的电能需要升高电压后再进行远距离传输，而在输电线路的负荷端，输电线路上的高电压只有降低等级后才能便于电力用户使用。例如，要把发电站发出的电能送入输变电系统，就需要在发电站安装变压器，该变压器输入端（又称一次侧）的电压和发电机电压相同，变压器输出端（又称二次侧）的电压和该输变电系统的电压相同。这种输出电压比输入电压高的变压器即为升压变压器。当电能送到电力用户后，还需要很多变压器把输变电系统的高电压逐级降到电力用户侧的 220V（相电压）或 380V（线电压）。这种输出端电压比输入端电压低的变压器即为降压变压器。除了升压变压器和降压变压器外，还有联络变压器、隔离变压器和调压变压器等。例如，几个邻近的电网尽管平时没多少电能交换，但有时还是希望它们之间能够建立起一定的联系，以便在特定的情况下互送电能，相互支援。这种起联络作用的变压器称为联络变压器。此外，两个电压相同的电网也常通过变压器再连接，以减少一个电网的事故对另一个电网的影响，这种变压器称为隔离变压器。

3. 开关设备

开关设备的主要作用是连接或隔离两个电气系统。高压开关是一种电气设备，其功能就是完成电路的接通和切断，达到电路的转换、控制和保护的目的。高压开关比常用低压开关重要得多，复杂得多。常见的日用开关才几百克，而高压开关有的重达几十吨，高达几层楼。这是因为它们之间承受的电压和电流大小很悬殊。按照接通及切断电路的能力，高压开关可分为好几类。最简单的是隔离开关，它只能在线路中基本没有电流时，接通或切断电路。但它有明显的断开间隙，一看就知道线路是否断开，因此凡是要将设备从线路断开进行检修的地方，都要安装隔离开关以保证安全。断路器也是一种开关，它是开关中较为复杂的一种，它既能在正常情况下接通电路，又能在事故下切断电路。除了隔离开关和断路器以外，还有在电流小于或接近正常时切断或接通电路的负荷开关。电流超过一定值时切断电路的熔断器以及为了确保高压电气设备检修时安全接地的接地开关等都属于开关设备。

4. 高压绝缘子

高压绝缘子是用于支撑或悬挂高电压导体，起对地隔离作用的一种特殊绝缘件。由于电瓷绝缘子的绝缘性能比较稳定，不怕风吹、日晒、雨淋，因此各种高压输变电设备 (尤其是户外使用的) 广泛采用高压电瓷作为绝缘子。例如，架空导线必须通过绝缘子挂在电线杆上才能保证绝缘，一条长500km 的 330kV 输电线路大约需要 14 万个绝缘子串。高压绝缘子的另一大类是高压套管，当高压导线穿过墙壁或从变压器油箱中引出时，都需要高压套管作为绝缘。除了高压电瓷作为绝缘子外，基于硅橡胶材料的合成绝缘子也获得了广泛应用。

(二) 输变电系统的保护设备

1. 互感器

互感器的主要功能是将变电站高电压导线对地电压或流过高电压导线的电流按照一定的比例转换为低电压和小电流，从而实现对变电站高电压导线对地电压和流过高电压导线的电流的有效测量。对于大电流、高电压系统，不能直接将电流和电压测量仪器或表计接入系统，这就需要将大电流、高电压按照一定的比例变换为小电流、低电压。通常利用互感器完成这种变换。互感器分为电流互感器和电压互感器，分别用于电流和电压变换。由于它们的变换原理和变压器相似，因此也称为测量变压器。

互感器的主要作用：

(1) 互感器可将测量或保护用仪器仪表与系统一次回路隔离，避免短路电流流经仪器仪表，从而保证设备和人身安全。

(2) 由于互感器一次侧和二次侧只有磁联系，而无电的直接联系，因而降低了二次仪表对绝缘水平的要求。

(3) 互感器可以将一次回路的高电压变为 100V 或（100/3）V 的低电压，将一次回路中的大电流统一变为 5A 的小电流。这样，互感器二次侧的测量或保护用仪器仪表的制造就可做到标准化。

2. 继电保护装置

继电保护装置是电力系统重要的安全保护系统。它根据互感器以及其他一些测量设备反映的情况，决定需要将电力系统的哪些部分切除，哪些部分投入。虽然继电保护装置很小，只能在低电压下工作，但它却在整个电力系统安全运行中发挥重要作用。

3. 避雷器

避雷器主要用于保护变电站电气设备免遭雷击损害。变电站主要采用避雷针及避雷器两种防雷措施。避雷针的作用是不使雷直接击打在电气设备上。避雷器主要安装在变电站输电线路的进出端，当来自输电线路的雷电波的电压超过一定幅值时，它就首先动作，把部分雷电流经避雷器及接地网泄放到大地中从而起到保护电气设备的作用。

4.其他电力设备

除了上述设备外，变电站一般还安装有电力电容器和电力电抗器。

(1)电力电容器的主要作用是为电力系统提供无功功率，达到节约电能的目的。主要用来给电力系统提供无功功率的电容器，一般称为移相电容器。而安装在变电站输电线路上以补偿输电线路本身无功功率的电容器称为串联电容器，串联电容器可以减少输电线路上的电压损失和功率损耗，而且由于就地提供无功功率，因此可以提高电力系统运行的稳定性。在远距离输电中利用电力电容器可明显提高输送容量。

(2)电力电抗器与电力电容器的作用正好相反，它主要是吸收无功功率。对于比较长的高压输电线路，由于输电线路对地电容比较大，输电线路本身具有很大的无功功率，而这种无功功率往往正是引起变电站电压升高的根源。在这种情况下，安装电力电抗器来吸收无功功率，不仅可限制电压升高，而且可提高输电能力。电力电抗器还有一个很重要的特性，那就是能抵抗电流的变化，因此它也被用来限制电力系统的短路电流。

三、配电装置

配电装置是发电厂和变电所的一种特殊电工建筑物，它是按照一定的电气主接线的要求，将其中的开关设备、载流导体、保护和测量电器以及其他必要的辅助设备合理布置和连接起来的，用来接受和分配电能的装置。发电机、变压器、线路运行方式改变所需要的倒闸操作也需要在配电装置中进行。

(一) 配电装置的分类及要求

配电装置按电气设备装置地点不同可分为屋内配电装置和屋外配电装置。按其组装方式不同又可分为装配式配电装置(把电气设备在现场进行组装的配电装置)和成套配电装置(在制造厂内把电气设备全部组装完成后运至安装地点)。

(1)屋内配电装置的电气设备都布置在屋内。具有如下特点：①由于允许安全净距小和可以分层布置，占地面积较小；②维修、巡视和操作在室内进行，不受气候影响；③能有效地防止污染，减少事故和维护工作量；④房屋建筑投资较大。

（2）屋外配电装置的电气设备都布置在屋外。具有如下特点：①不需要建筑房屋，土建工程量和费用较少，建设周期缩短；②相邻设备之间距离可适当加大，使运行安全，便于带电作业；③扩建方便；④占地面积大；⑤受环境条件影响，设备的运行、维修和操作条件较差。

（3）成套配电装置的特点为：①电气设备布置在封闭或半封闭的金属外壳中，结构紧凑，占地面积小；②安装简便，有利于缩短建设周期和进行扩建；③运行可靠性高，维护方便；④耗用钢材较多，造价较高。

（4）配电装置的设计和安装应满足如下基本要求：①必须贯彻执行国家基本建设方针和技术经济政策；②合理选用设备，在布置上力求整齐、清晰，满足对设备和人身的安全要求，保证运行的可靠性；③保证操作维护的方便性；④在保证安全的前提下，采取有效措施减少钢材、木材和水泥的消耗，努力降低造价，节省占地面积；⑤便于安装和扩建。

（二）屋内、外配电装置中的最小安全净距

配电装置的整个结构尺寸，是综合考虑设备外形尺寸、检修维护和搬运的安全距离、电气绝缘距离等因素决定的。各种间隔距离中最基本的是空气中的最小安全净距，它表明带电部分至接地部分或相间的最小安全净距，保持这一距离时，无论正常还是过电压的情况下，都不致发生空气绝缘的电击穿。一般而言，220kV 及以下的配电装置，大气过电压起主要作用；330kV 及以上的配电装置，内过电压起主要作用。

四、高压电器

高压电器一般指额定电压在 3kV 及以上的电气设备。按其在变电所中的作用可分为以下几类：高压开关电器，如高压断路器、隔离开关、接地开关、负荷开关等；高压保护电器，如高压熔断器、避雷器等；高压测量电器，如电压互感器、电流互感器等；限流电器（电抗器）；其他电器，如成套电器与组合电器、电力电容器等。

(一)高压断路器

高压断路器是变电所中最重要的开关电器,它不仅要断开或闭合电路中的正常工作电流,还应能断开过负荷电流或短路电流,因此它对电力系统的安全、可靠运行起着极为重要的作用。

1.对高压断路器的基本要求

绝缘应安全可靠,既能承受最高工频工作电压的长期作用,又能承受电力系统发生过电压时的短时作用;有足够的热稳定性和电动力稳定性,能承受短路电流的热效应和电动力效应而不致损坏;有足够好的开断能力,能可靠地断开短路电流,即使所在电路的短路电流为最大值时亦应如此;动作速度快,熄弧时间短,尽量减轻短路电流造成的损害,并提高电力系统稳定性。

根据断路器采用的灭弧介质及其作用原理的不同,高压断路器可分为油断路器(多油式和少油式两种)、压缩空气断路器、真空断路器、空气断路器、六氟化硫断路器、自产气断路器和磁吹断路器等型式。下面仅就地方电网常用的高压断路器进行简单介绍。

(1)油断路器:油断路器分为多油断路器和少油断路器。多油断路器由于体积大、用油多、质量大、易爆炸等缺点,目前基本不用了。少油断路器是利用少量变压器油作为灭弧介质,且将变压器油作为主触头在分闸位置时其间的绝缘介质,但不作为导电体。对地绝缘导电体与接地部分的绝缘主要用电瓷、环氧树脂玻璃布和环氧树脂等材料做成。根据安装地点的不同,少油断路器可分为户内式和户外式,户内式主要用于6~35kV系统,户外式则用于35kV以上的系统中。少油断路器具有质量小、体积小、节约油和钢材、占地面积小等优点,地方电力网的变电所多采用这种型式的断路器。

①少油断路器的结构:少油断路器主要由导电部分、机械传动部分和灭弧系统三大部分构成。

②少油断路器的操作机构:断路器的合闸、跳闸、合闸后的维持机构,称为操作机构。因此,每种操作机构均应包括合闸机构、跳闸机构和维持机构三部分。合闸过程中要克服多种摩擦力和可动部分的重力,需要足够大的功率;跳闸过程中仅需要做很小的功,只要将维持机构的脱扣器释放打开,

靠跳闸弹簧储存的能量即可迅速跳闸。

　　110kV 及以下系统常用的高压断路器操作机构，按其驱动能源的不同可分为手动式 (CS 型)、电磁式 (CD 型)、弹簧式 (CT 型) 和电动机式 (CJ 型)。手动式操作机构是人用臂力使断路器合闸。弹簧式操作机构和电动机式操作机构是在合闸前先用电动机 (型式不同) 使合闸弹簧储能，然后利用弹簧所储能量将断路器合闸。电磁式操作机构主要由合闸电磁铁，跳闸电磁铁和维持机构组成。合闸时，合闸电磁铁线圈 (简称合闸线圈) 通电，电磁铁芯内的顶柱向上弹起，通过曲柄连杆机构 (CD 型) 或单臂杠杆机构 (CD 型) 驱动断路器传动机构的主大轴转动，从而使之合闸，并由机械锁扣机构扣住，将断路器维持在合闸位置。跳闸时，只要跳闸电磁铁线圈 (简称跳闸线圈) 通电，其铁芯中的顶柱瞬时被吸入线圈内，锁扣机构被释放打开，在跳闸弹簧作用下断路器立即跳闸。

　　(2) 压缩空气断路器：压缩空气断路器 (简称空气断路器) 是利用压缩空气作为灭弧绝缘和传动介质的断路器。由于近年来六氟化硫断路器和真空断路器的发展应用速度较快，所以新设计的变电所中已很少采用此种断路器。

　　(3) 真空断路器：真空断路器是近 30 年来发展和应用的一种新型断路器，它具有真空灭弧室。把触头放在真空灭弧室中靠真空作为灭弧和绝缘介质。这里所谓的真空，是指真空度在 0.13Pa 以下的空间，具有较高的绝缘强度。

　　(4) 六氟化硫 (SF_6) 断路器: SF_6 断路器具有良好的绝缘性能和灭弧性能，它能在电弧间隙的游离气体中消灭导电的电子。与普通空气相比，在同等压力下，SF_6 断路器绝缘能力超过空气的 $1 \sim 2$ 倍，其灭弧能力相当于同等条件下空气的 100 倍。而且，电弧在 SF_6 断路器中燃烧时，电弧电压特别低，燃弧时间短，每次开断后，触头烧损很小，适于频繁操作。

　　SF_6 断路器的缺点是：其电气性能受电场均匀程度及水分等杂质影响特别大，故对 SF_6 断路器的密封结构、元件结构及 SF_6 气体本身质量的要求相当严格，因此价格较高。近年来，SF_6 全封闭组合电器得到较快发展，这种组合电器把断路器、隔离开关、互感器、避雷器、母线等变电所主要设备全装在充有 SF_6 气体的密闭容器中，它占地面积小，检修周期长，维护简单，运行更加可靠。

2. 高压断路器的基本参数

（1）额定电压和最高工作电压：额定电压是指高压断路器长期正常工作所能承受的电压，最高工作电压是指高压断路器能承受的电力系统可能出现的最高电压。产品目录上标明的额定电压是指线电压。选用高压断路器时，只需按安装地点所在电网的额定电压选择即可。

（2）额定电流：额定电流是指高压断路器允许长期通过的最大电流。在此电流下，高压断路器的发热温度不超过国家标准规定的数值。

（3）额定开断（断路）电流：额定开断电流是指断路器在额定电压下能够正常开断的最大电流，它表明断路器能够正常开断最大短路电流的能力。如果断路器实际运行电压低于它的额定电压，则开断电流可以适当增大，但不能超过产品规定的极限开断电流。

（4）额定断流容量：额定断流容量又称额定开断容量，它是断路器额定电压和额定开断电流的乘积。

（5）热稳定电流：热稳定电流表征断路器承受短路电流热效应的能力，通常以电流有效值表示。产品目录中给出了一定时间（标准时间为4s）的热稳定电流值，当以此电流通过断路器且时间不超过给定值时，其内部温度不超过国家标准规定的允许发热温度。

（6）动稳定电流：动稳定电流表征断路器承受短路电流电动力效应的能力，又称断路器极限通过电流。当断路器正常合闸而通过最大冲击短路电流时，会发生机械损坏现象。

（7）分闸时间。

①全分闸时间：断路器从得到分闸命令信号起，到内部电弧熄灭为止的时间，称为全分闸时间。它等于固有分闸时间和燃弧时间之和。

②固有分闸时间：固有分闸时间是断路器从得到分闸命令信号（跳闸线圈开始通电）起到主触头刚分离（任一相）的一段时间。该时间取决于断路器和操作机构的机械传动特性，可视为定值。

③燃弧时间：燃弧时间是从主触头分离到三相电弧完全熄灭的一段时间。该时间常随开断电流的不同而略有变化。从电力系统安全、可靠运行的角度看，希望分闸时间愈短愈好。

（8）合闸时间：断路器从接到合闸命令信号（合闸线圈开始通电）起，到各相触头刚刚闭合接通为止的时间，称为合闸时间。该时间取决于断路器和操作机构的机械传动特性，可视为定值。电力系统对合闸时间要求不高，但对合闸的可靠性要求高。

以上，前六个参数是断路器铭牌上需要列出的基本参数；后两个参数是继电保护和自动装置上常用的数据。此外，还有规定操作顺序和自动重合闸性能等，在此不再赘述。

(二) 隔离开关

隔离开关没有专门的灭弧装置，它属于交流开弧的熄弧方式，所以不能开断负荷电流和短路电流。隔离开关的主要用途是在电路中可以造成一个可靠的并且明显可见的断开点，隔离高压电源。因此，隔离开关可用于检修或倒闸操作，也可以接通或断开电流较小的回路。

隔离开关多采用手动操作机构，有的 3kV 及以上的户外式隔离开关附设接地闸刀，当主闸刀开断后，接地闸刀便自动闭合接地。这样可以省略倒闸操作时必须挂接地线，检修完毕恢复送电时必须拆除接地线这一规定，安全性和可靠性均有所提高。隔离开关多与断路器配合使用，合闸送电时，应首先合上隔离开关，最后再合上断路器；跳闸切断电路时，应首先跳开断路器，最后再拉开隔离开关。上述操作顺序不允许颠倒，否则将发生严重事故。因为一旦用隔离开关切断负荷电流或短路电流时，产生的电弧将很难熄灭，不仅隔离开关将被烧毁，而且很长的开弧会造成多相短路或母线短路。

(三) 负荷开关

负荷开关设有比较简单的灭弧装置，能够开断正常的负荷电流或规定范围内的过负荷电流，但不能切断短路电流。负荷开关还可以用来切断或接通空载变压器、空载线路或电力电容器组。

常用的负荷开关有油浸式、固体产气式和压气式三种。油浸式负荷开关的三组触头置于油箱中；固体产气式和压气式负荷开关，相当于隔离开关和简单的产气式或压气式灭弧装置的组合。产气材料一般为纤维绝缘板或有机玻璃丝板。负荷开关常与高压熔断器串联使用，以代替高压断路器，这样可以起到电路正常通断、过负荷和短路保护作用。负荷开关主要用于 35kV

及以下系统的轻负荷电路。

(四) 高压熔断器

高压熔断器是高压电网中的一种保护电器,当通过短路电流或长期过负荷电流时它将自行熔断,以保护该电路中的电气设备。高压熔断器通常可分为限流式和跌落式两类,主要用于 35kV 及以下的小容量电网中。

1. 限流式熔断器

限流式熔断器由熔管触头座、绝缘子和底座构成,核心部件是熔管内部的熔体和填充材料。国产 RNI 型限流式熔断器的熔体用镀锡铜丝做成,或在铜丝上焊些小锡球,在熔管(一般为瓷管)内充满石英砂。当电路长期过负荷或短路时,熔体发热而熔断,并产生电弧。由于石英砂对电弧有强烈的去游离作用,所以电弧电流在过零之前就会熄灭。

在熔丝上镀锡(或镀银)或焊锡球的作用在于降低熔丝的熔点,促使熔断温度降低。由于限流熔断器在电弧电流过零之前就会熄弧,因此将产生截流过电压。为了限制过电压倍数,可采取措施使熔体熔断时电流减小得慢一些。例如,采用截面不同的分断式熔体,让截面小的熔体首先熔断,然后熔断较大截面的熔体等。限流式熔断器的熄弧时间一般不超过 10ms。

2. 跌落式熔断器

RW 型跌落式熔断器由瓷绝缘支柱、熔管部件、下触头、鸭嘴罩、弹簧钢片等部件构成。熔管为酚醛纸管或环氧玻璃布管,管子内层装有虫胶桑皮纸管等固体产气材料;熔体穿过熔管中孔而与下端触头和上端压板相连接,熔体多选用铜、银或铜银合金。安装时应使熔管轴线与纵轴线约成 30°夹角。

正常运行时跌落式熔断器处在正常工作状态。当电路长期过负荷或发生短路时,熔体因过热而熔断,压板在弹簧作用下向上方弹起,于是上触头从鸭嘴罩内滑脱,熔管靠自身重力绕轴自行跌落。在熔体刚熔断时,熔管内产生电弧并产生大量气体;由于管内压力很高,使气体高速喷出,因此具有纵向吹弧作用,且当电流过零时即会熄弧。跌落式熔断器主要用于 10kV 及以下高压电力线路和电力变压器回路,作为过负荷和短路保护,并可用绝缘钩棒拉合熔管,以开断或接通小容量空载变压器、空载线路和小负荷电流。

第四章　电力系统中的电网工程

第一节　电网概述

一、电网系统构成

大规模的电能从生产到使用要经过发电、输电、配电和用电四个环节，这四个环节组成了电力系统。现代电力系统具有规模巨大、结构复杂、运行方式多变、非线性因素众多、扰动随机性强等基本特征。由于电力系统中缺乏大容量的快速储能设备，所以电能的生产和使用在任意时刻都必须保持基本平衡。随着我国用电负荷的强劲增长以及输电容量和规模的日益扩大，我国电网的发展趋势可能是在跨省（区）超高压电网之上逐步形成以实现远距离、大规模、低损耗输电为特征的特高压电网。

（一）发电

常见的发电方式主要有以下几种：火力发电；水力发电；核能发电；太阳能发电。此外，还有磁流体发电、潮汐发电、海洋温差发电、波浪发电、地热发电、生物质能发电、垃圾发电等多种发电方式。但是目前大规模的发电方式主要还是火力发电、水力发电和核能发电。

（二）输电

输电是将发电厂发出的电能通过高压输电线路输送到消费电能的地区（也称负荷中心），或进行相邻电网之间的电力互送，使其形成互联电网或统一电网，以保持发电和用电或两个电网之间供需平衡。

输电方式主要有交流输电和直流输电两种。通常所说的交流输电是指三相交流输电。直流输电则包括两端直流输电和多端直流输电。绝大多数的直流输电工程都是两端直流输电。对于交流输电而言，输电网是由升压变电站、高压输电线路、降压变电站组成的。在输电网中由杆塔、绝缘子串、架空线路等组成输电线路；变压器、电抗器、电容器、断路器、隔离开关、接地开关、避雷器、电压互感器、电流互感器、母线等变电一次设备和确保安全、可靠输电的继电保护、监视、控制和电力通信等变电二次设备等组成变电站。直流输电线路和两端的换流站组成直流输电系统。

(三) 配电

配电是在消费电能的地区接受输电网受端的电力，然后进行再分配，输送到城市、郊区、乡镇和农村，并进一步分配和供给工业、农业、商业、居民以及特殊需要的用电部门。与输电网类似，配电网主要由电压相对较低的配电线路、开关设备、互感器和配电变压器等构成。配电网几乎都是三相交流配电网。

(四) 用电

用电主要是通过安装在配电网上的变压器，将配电网上电压进一步降低到三相 380V 线电压或 220V 相电压的交流电。

二、电网企业概述

中国电网企业主要有国家电网公司和中国南方电网公司两家大公司。

(一) 国家电网公司

国家电网公司管理 5 个区域电网，26 家省、直辖市、自治区电力公司和科研单位、直属单位及控股公司。

(1) 华北电网，包括天津市电力公司、河北省电力公司、山西省电力公司、北京市电力公司、山东电力集团公司。

(2) 华中电网，包括湖北省电力公司、湖南省电力公司、江西省电力公司、河南省电力公司、四川省电力公司、重庆市电力公司。

(3) 华东电网，包括上海市电力公司、江苏省电力公司、浙江省电力公司、安徽省电力公司、福建省电力有限公司。

(4) 西北电网，包括陕西省电力公司、甘肃省电力公司、宁夏电力公司、青海省电力公司、新疆电力公司、西藏电力有限公司。

（5）东北电网，包括辽宁电力有限公司、吉林电力有限公司、黑龙江电力有限公司、内蒙古东部电力有限公司。

（6）科研单位，主要有中国电力科学研究院、国网电力科学研究院、国网北京经济技术研究院、国网能源研究院、国网智能电网研究院等。

（二）中国南方电网公司

中国南方电网公司于 2002 年 12 月 29 日正式挂牌成立并开始运营。公司属中央管理，由国务院国资委履行出资人职责。公司经营范围为广东、广西、云南、贵州和海南五省区，负责投资、建设和经营管理南方区域电网，经营相关的输配电业务，参与投资、建设和经营相关的跨区域输变电和联网工程；从事电力购销业务，负责电力交易与调度；从事国内外投融资业务；自主开展外贸流通经营、国际合作、对外工程承包和对外劳务合作等业务。

第二节　电网建设运行

一、电网建设概述

随着电力体制改革的深入，两大电网公司、五大发电集团公司和四个辅业集团的成立，标志着电力工业管理体制改革按照"网厂分开"的原则又进了一步。与此同时，网、省电力公司改组为二、三级法人；发电集团公司形成三级法人治理结构，即辅业逐步分离，成立了负责电力市场监管的委员会，进一步优化了电力建设的格局。施工企业也按照"强化管理、减员增效、四自两体"的 12 字方针，建立现代化企业管理制度，并逐步与网、省电力公司脱离关系，努力面向市场，加强自身改革与建设，以取得生存与发展的空间。

随着项目法人责任制、资本金制、招标投标制、工程监理制和合同制的推行，电力工程建设模式也呈现了多元化的趋势。

二、电网建设工程项目

(一) 电网建设工程项目概念

1. 电网建设工程项目含义

建设工程项目是指通过基本建设和更新改造以形成固定资产的项目。电网建设工程项目是指通过基本建设和更新改造以形成变电、输电与配电固定资产的项目，其中基本建设是电网行业实现扩大再生产的主要途径。更新改造项目是指对企业、事业单位原有设施进行技术改造或固定资产更新的项目。

2. 建设工程项目组成

建设工程项目按是否可以独立施工和独立发挥作用可分为扩大单位工程、单位工程、分部工程。工程建设预算项目在各专业系统（工程）下分为三级：第一级为扩大单位工程，第二级为单位工程，第三级为分部工程。

(二) 电网建设项目特点

电网建设工程项目除具有项目的一般特征外，还具有如下明显的特点：

（1）整体性强。建设项目是按照一个总体设计建设的，它是可以形成生产能力或使用价值的若干单项工程的总体。各个单项工程各自独立地发挥其作用，满足人们对项目的综合需要。

（2）受环境制约性强。工程建设项目一般露天作业，受水文、气象等因素的影响较大；建设地点的选择受地形、地质、地面建（构）筑物、基础设施、市场需求、原材料供应等多种因素的影响；建设过程中所使用的建筑材料、施工机具等的价格会受到物价的影响等。

（3）与国民经济发展水平关系密切。电网企业由于产品的特殊性，其布局须符合电力规划，其生产与消费必须同步，而且在量上必须平衡，从而要求电网产品的供应既要满足经济发展和人民生活水平提高的需要并留有一定余地，生产能力又不能出现过剩，以免造成资源浪费。

（三）电网建设项目分类

由于建设项目种类繁多，为了适应对建设项目进行管理的需要，正确反映建设工程项目的性质、内容和规模，应从不同角度对建设工程项目进行分类。

1. 按建设性质分

（1）新建项目，是指根据国民经济和社会发展的近远期规划，按照建设程序规定的程序从无到有的项目。

（2）扩建项目，是指现有电网企业在原有输变电规模条件下，为扩大电网容量的生产能力，在原有的基础上扩充规模而进行的新增固定资产投资项目。当扩建项目的规模超过原有固定资产价值（原值）3倍以上时，则该项目应视作新建项目。

（3）技术改造项目，是指采用新技术、新设备、新工艺、新材料对原有的电力设施、设备进行改进或用新工艺、新技术进行改造的项目。

（4）迁建项目，是指原有电网企业，根据自身生产经营和事业发展的要求或按照国家调整生产力布局的经济发展战略的需要或出于环境保护等其他特殊要求，搬迁到异地建设的项目。

（5）恢复项目，是指原有电网企业因在自然灾害、战争中，原有固定资产遭受全部或部分报废，需要进行投资重建以恢复生产能力的建设项目。这类项目，不论是按原有规模恢复建设，还是在恢复过程中同时进行扩建，都属于恢复项目。但对于尚未建成投产或交付使用的项目，若仍按原设计重建，原建设性质不变；如果按新的设计重建，则根据新设计内容来确定其性质。

基本建设项目按其性质分为上述五类，一个基本建设项目只能有一种性质，在项目按总体设计全部完成前，其建设性质始终是不变的。对于更新改造项目，其分类包括挖潜工程、节能工程、安全工程以及环境保护工程等。

2. 按项目建设规模划分

为适应对工程建设分级管理的需要，国家规定基本建设项目分为大型、中型、小型三类；更新改造项目分为限额以上和限额以下两类。不同等级的建设工程项目，对应的政府主管部门和报建程序也不尽相同。电网建设项目的规模可根据如下方式进行划分。

(1) 电网建设项目按投资额划分：投资额在5000万元以上的为大中型项目；投资额在5000万元以下的为小型项目。

(2) 电网按电压等级划分：电压330kV以上为大型项目；电压为220kV和110kV，且线路长度在250km以上的为中型项目；110kV以下为小型项目。

(四) 电网建设项目管理

建设项目管理可以归纳为计划、组织、协调、控制和指挥五要素。总的目标是协调建设项目任务和各方面的关系，监督和控制项目实施过程，高效地利用有限的资源，在限定的时间内完成建设任务，达到预期目标。

(五) 现行建设项目管理模式

(1) 项目法人直接管理模式。

(2) 设计—采购—建造/交钥匙工程 (简称 EPC 方式)。

(3) 项目管理承包方式 (简称 PMC 方式)。

(4) 建造—运营—移交 (简称 BOT 方式)。

(5) 代建制，适于政府投资的非经营性建设项目。

三、电网运行管理

(一) 基本概念

电网运行是指电网企业及其调度机构保障电网频率、电压稳定和可靠供电；调度机构合理安排运行方式，优化调度，维持电力平衡，保障电力系统的安全、优质、经济运行。电网运行坚持安全第一、预防为主的方针。电网运行实行统一调度、分级管理，以保障电网安全，保护用户利益，适应经济建设和人民生活的用电需要。

(二) 电网运行管理的主要任务

电网运行工作的主要任务就是满足用电需求，确保电力生产的安全运行和经济运行。

1. 保证电力生产安全运行

电力生产的特点是发电、供电、用电同时完成。因电能不能大规模储存，发、供、用电处于动平衡状态，这种生产方式决定了发、供电必须有极高的可靠性和连续性。随着电网规模的不断扩大和电网大机组不断增多，发、供电的可靠性就显得更加重要。如果一个电厂、一个变电站或系统的一条联络线发生事故，就可能引起大面积停电，甚至造成整个电网瓦解，后果是不堪设想的。

2. 保证电力生产经济运行

在保证电力生产安全运行的前提下，应千方百计地搞好电力生产的经济运行。电力生产的经济运行应从多方面着手。对供电部门而言，应做好计划用电、节约用电和安全用电，加强电网管理，降低网损。应做好下列工作：

（1）贯彻执行各项规章制度，杜绝事故的发生，防止事故造成重大损失。

（2）保证检修质量，提高设备健康水平，使设备安全、经济、满负荷运行。

（3）采用合理运行方式，使系统和设备安全、经济运行。

（4）及时排除系统及设备异常工况，正确、迅速处理事故，将事故影响控制在最小范围。

四、调度管理

（一）基本概念

电力调度是指电力调度机构对电网运行进行的组织、指挥、指导和协调。

电网包括发电、供电（输电、变电、配电）、受电设施和为保证这些设施正常运行所需的继电保护和自动装置、计量装置、电力通信设施、电网调度自动化设施等。

（二）调度管理层次

电网调度机构是电网运行的组织、指挥、指导和协调机构，各级调度机构分别由本级电网管理部门直接领导。调度机构既是生产运行单位，又是电网管理部门的职能机构，代表本级电网管理部门在电网运行中行使调度权。

电网调度机构分为五级，依次为：

(1) 国家电力调度通信中心，简称国调，是电网运行最高调度机构。它直接调度管理各跨省电网和各省级独立电网，并对跨大区域联络线及相应变电站和起联网作用的大型发电厂实施运行和操作的调度管理。

(2) 跨省电网电力集团公司设立的调度局，简称网调，是国调下一级电网调度机构。它负责区域性电网内各省间电网的联络线及大容量水电、火电、核电等骨干电厂的运行和操作的调度管理，并接受国调相关的调度管理。

(3) 各省、自治区电力公司设立的电网中心调度所，简称省调，也称中调，是网调的下一级电网调度机构。它负责本省 220kV 电网及并入本省 220kV 及以下电网的大、中型水电、火电等的运行及操作的调度管理，并接受网调相关调度管理。

(4) 省辖市级供电公司设立的调度所，简称地调，是省调下一级调度机构。它负责该供电公司供电范围内的电网和大中城市主要供电负荷的调度管理，并兼管地方电厂及企业自备电厂的并网运行，接受省调相关调度管理。

(5) 县电力公司设立的调度所，简称县调，它负责本县城乡供配电网及负荷的调度管理。在调度业务上归地调领导，接受地调相关调度管理。

各级调度机构在电网调度业务活动中是上下级关系，下级调度机构必须服从上级调度机构的调度。

(三) 电网调度机构主要职能

(1) 组织编制和执行电网的调度计划 (运行方式)。

(2) 指挥调度管辖范围内的设备的操作。

(3) 指挥电网的频率调整和电压调整。

(4) 指挥电网事故的处理，负责进行电网事故分析，制定并组织实施提高电网安全运行水平的措施。

(5) 编制调度管辖范围内的设备的检修进度表，批准其按计划进行检修。

(6) 负责本调度机构管辖的继电保护和安全自动装置以及电力通信和电

网调度自动化设备的运行管理；负责对下级调度机构管辖的上述设备和装置的配置和运行进行技术指导。

（7）组织电力通信和电网调度自动化规划的编制工作；组织继电保护及安全自动装置规划的编制工作。

（8）参与电网规划编制工作；参与电网工程设计审查工作。

（9）参加编制发电、供电计划，监督发电、供电计划执行情况，严格控制按计划指标发电、用电。

（10）负责指挥全电网的经济运行。

（11）组织调度系统有关人员的业务培训。

（12）统一协调水电厂水库的合理运用。

（13）协调有关所辖电网运行的其他关系。

五、营销管理

（一）电力营销概念

电力营销是指在不断变化的电力市场中，以电力用户需求为中心，通过供用关系，使电力用户能够使用安全、可靠、合格、经济的电力商品，并得到周到、满意的服务。

（二）电力营销管理的目标

（1）充分满足用电户要求，实现快速报装接电，扩大企业规模，简化报装手续，为用户提供优质文明服务，为企业和社会创造效益。

（2）做好电能销售和收费工作，提高企业经济效益。

（3）加强电能计量管理工作，保证计量工作的有序与计量装置的准确性。

（4）合理分配使用电力资源，保证电网在最佳状态下安全、经济地运行，节能降耗，提高社会整体经济效益。

（5）做好用电检查工作，保证用户安全、合法用电。

（三）电力营销管理的内容

电力营销管理，是围绕用户和设备进行的，主要内容包括接受及处理新用户的报装，接受及处理用户的用电容量增加的要求，接受及处理用户变更用电的要求；对现有用户进行抄表、核算及收取电费；配电线路设备的资产、安装、运行维护等管理；计量装置的资产、安装、运行维护等管理；监督用户安全、合理、合法地用电；为用户提供各种所需的信息及各种优质服务等。可简单概括为六个方面，即业扩与变更管理、电量电费管理 (或抄核收管理)、电能计量管理、配电管理、用电检查管理、用户服务管理。

(四) 电力营销管理的特点

电力营销管理是电力企业管理工作的重要组成部分，它是电力生产产、供、销的最后环节，使电力企业生产和信誉成果最终得到体现，直接关系到电力企业的经济效益和社会效益。电力营销管理部门是沟通电力系统和用户的桥梁，是电力企业的窗口，其工作质量关系到电网的形象。电力营销管理还具有政策性强、业务面广、信息量大且变动频繁、信息处理要求迅速、及时、准确等特点。

第三节　特高压

一、特高压电网概念

特高压输电指的是正在开发的 1000kV 交流电压和 ±800kV 直流电压输电工程和技术。特高压电网指的是以 1000kV 输电网为骨干网架，由超高压输电网和高压输电网以及特高压直流输电、高压直流输电配电网构成的分层、分区、结构清晰的现代化大电网。特高压电网形成和发展的基本条件是用电负荷的持续增长，以及大容量、特大容量电厂的建设和发展。其突出特点是大容量、远距离输电。

二、特高压对我国经济发展的重大意义

我国正处于工业化和城镇化快速发展的重要时期，能源需求具有刚性增长特征。电力作为一种清洁、使用方便的能源，在能源工业中占有极为重要的地位，是国家进步和繁荣不可缺少的动力。电网作为电力输送和消

纳的载体，已成为能源供应系统的关键组成部分。目前以 500kV 交流和 ±500kV 直流构成的主网架，难以满足未来远距离、大容量输电以及电网安全性和经济性的需要。必须加快建设特高压电网，以保障电力与经济社会的协调发展，实现电力工业可持续发展。

（1）特高压电网是我国清洁能源发展的重要载体。我国的水能、风能、太阳能等可再生能源资源具有规模大、分布集中的特点，而所在地区大多负荷需求水平较低，需要走集中开发、规模外送、大范围消纳的发展道路。大规模核电的接入和疏散，也需要坚强电网的支撑。特高压输电具有容量大、距离远、能耗低、占地省、经济性好等优势，建设特高压电网能够实现各种清洁能源的大规模、远距离输送，促进清洁能源的高效、安全利用。

（2）建设特高压电网有利于我国能源资源的优化配置。长期以来，我国电力发展方式以分省分区平衡为主，燃煤电厂大量布局在煤炭资源匮乏的中东部地区，导致铁路运输长期忙于煤炭大搬家，煤电油运紧张状况时常发生。未来，我国优化煤电开发与布局，清洁能源的快速发展，以及构筑稳定、经济、清洁、安全的能源供应体系，都迫切需要建设以特高压为骨干网架的坚强智能电网，充分发挥电网的能源资源优化配置平台作用。

（3）建设特高压电网有利于提高我国的能源供应安全。从丰富能源输送方式来看，建设特高压电网，通过加大输电比重，实现输煤输电并举，使得两种能源输送方式之间形成一种相互保障格局，促进能源输送方式的多样化，减少公路、铁路煤炭运输压力，提高能源供应安全和高效经济运行。

（4）建设特高压电网是带动电工制造业技术升级的重要机遇。建设特高压电网，是电力工业通过技术创新走新型工业化道路的具体体现，是研究和掌握重大装备制造核心技术的依托工程。发展特高压电网，可使我国电力科技水平再上一个新台阶，对于增强我国科技自主创新能力、占领世界电力科技制高点具有重大意义。

（5）建设特高压电网有利于我国煤炭产区的资源优势转化为经济优势，促进区域合理分工，缩小区域差距。特高压电网的建设在转变我国能源运输方式的同时，实现了电力产业布局的调整，为煤炭产区经济发展提供了机遇。对于煤炭主产区来讲，通过加大坑口电站建设力度，加快发展输电可以促进煤炭基地高附加值电力产品的输出，提高这些地区资源和生产要素的回报率，增加就业机会，提高居民收入，促进当地经济的发展，缩小地区之间的差距。

三、特高压输电与超高压输电经济性比较

特高压输电与超高压输电的经济性比较，一般采用输电成本进行比较，即比较2个电压等级输送同样的功率和同样的距离所需的输电成本。比较方法有两种：一种是按相同的可靠性指标，比较一次投资成本；另一种是比较寿命周期成本。这两种比较方法都需要的基本数据是构成两种电压等级输电工程统计的设备价格及建设费用。对于特高压输电和超高压输电工程规划和设计所进行的成本比较来说，设备价格及其建筑费用可采用统计的平均价格或价格指数。两种比较方法都需要进行可靠性分析计算，通过分析计算，提出输电工程期望的可靠性指标。利用寿命周期成本方法进行经济性比较，还需要有中断输电造成的统计的经济损失数据。

一回 1000kV 特高压输电线路的输电能力可达到 500 万 kW，是常规输电线路的 4 倍多，即相当于 4~5 回 500kV 输电线路的输电能力。在线路和变电站的运行维护方面，特高压输电所需的成本将比超高压输电少很多。线路的功率和电能损耗，在运行成本方面占有相当的比重。在输送相同功率情况下，1000kV 线路功率损耗约为 500kV 线路的 1/16。因此，特高压输电在运行成本方面具有更强的经济优势。

四、特高压直流输电技术的主要特点

（1）特高压直流输电系统中间不落点，可点对点、大功率、远距离直接将电力送往负荷中心。在送受关系明确的情况下，采用特高压直流输电，实现交直流并联输电或非同步联网，电网结构比较松散、清晰。

（2）特高压直流输电可以减少或避免大量过网潮流，按照送受两端运行方式变化而改变潮流。特高压直流输电系统的潮流方向和大小均能方便地进行控制。

（3）特高压直流输电的电压高、输送容量大、线路走廊窄，适合大功率、远距离输电。

（4）在交直流并联输电的情况下，利用直流有功功率调制，可以有效抑

制与其并列的交流线路的功率振荡，包括区域性低频振荡，明显提高交流的暂态、动态稳定性能。

（5）大功率直流输电，当发生直流系统闭锁时，两端交流系统将承受大的功率冲击。

第四节 智能电网

一、智能电网概念

在现代电网的发展过程中，各国结合其电力工业发展的具体情况，通过不同领域的研究和实践，形成了各自的发展方向和技术路线，也反映出各国对未来电网发展模式的不同理解。近年来，随着各种先进技术在电网中的广泛应用，智能化已经成为电网发展的必然趋势，发展智能电网已在世界范围内形成共识。从技术发展和应用的角度看，智能电网是将先进的传感量测技术、信息通信技术、分析决策技术、自动控制技术和能源电力技术相结合，并与电网基础设施高度集成而形成的新型现代化电网。这一观点已被世界各国、各领域的专家、学者普遍认同。

二、智能电网的主要特征

（1）坚强。在电网发生大扰动和故障时，仍能保持对用户的供电能力，而不发生大面积停电事故，在自然灾害、极端气候条件下或外力破坏下仍能保证电网的安全运行，具有确保电力信息安全的能力。

（2）自愈。具有实时、在线和连续的安全评估和分析能力，强大的预警和预防控制能力，以及自动故障诊断、故障隔离和系统自我恢复的能力。

（3）兼容。支持可再生能源的有序、合理接入，适应分布式电源和微电网的接入，能够实现与用户的交互和高效互动，满足用户多样化的电力需求并提供对用户的增值服务。

（4）经济。支持电力市场运营和电力交易的有效开展，实现资源的优化配置，降低电网损耗，提高能源利用效率。

（5）集成。实现电网信息的高度集成和共享，采用统一的平台和模型，实现标准化、规范化和精益化管理。

(6) 优化。优化资产的利用,降低投资成本和运行维护成本。

三、智能电网对于电力系统发展的意义

(1) 能有效地提高电力系统的安全性和供电可靠性。利用智能电网强大的"自愈"功能,可以准确、迅速地隔离故障元件,并且在较少人为干预的情况下使系统迅速恢复到正常状态,从而提高系统供电的安全性和可靠性。

(2) 实现电网可持续发展。坚强智能电网建设可以促进电网技术创新,提升技术、设备、运行和管理水平等,以适应电力市场需求,推动电网科学、可持续发展。

(3) 减少有效装机容量。利用我国时区跨度大,不同地区电力负荷特性差异大的特点,通过智能化的统一调度,获得错峰和调峰等联网效益。同时通过分时电价机制,引导用户低谷用电,减小高峰负荷,从而减少有效装机容量。

(4) 降低系统发电燃料费用。建设坚强智能电网,可以满足煤电基地的集约化开发,优化我国电源布局,从而降低燃料运输成本。同时,通过降低负荷峰谷差,可提高火电机组使用效率,降低煤耗,减少发电成本。

(5) 提高电网设备利用效率。首先,通过改善电力负荷曲线,降低峰谷差,提高电网设备利用效率;其次,通过发挥自我诊断能力,延长电网基础设施寿命。

(6) 降低线损。以特高压输电技术为重要基础的坚强智能电网,将大大降低电能输送中的损耗率。智能调度系统、灵活输电技术以及与用户的实时双向交互,都可以优化潮流分布,减少线损。同时,分布式电源的建设与应用也可减少电力远距离传输的网损。

四、智能电网建设的社会经济效益

智能电网的发展,使得电网功能逐步扩展到促进能源资源优化配置、保障电力系统安全稳定运行、提供多元开放的电力服务、推动战略性新兴产业发展等多个方面。作为我国重要的能源输送和配置平台,坚强智能电网从投资建设到生产运营的全过程都将为国民经济发展、能源生产和利用、环境

保护等带来巨大效益。

（1）对电力系统：可以节约系统有效装机容量，降低系统总发电燃料费用，提高电网设备利用效率，减少建设投资，提升电网输送效率，降低线损。

（2）对用电用户：可以实现双向互动，提供便捷服务；提高终端能源利用效率，节约电量消费；提高供电可靠性，改善电能质量。

（3）节能与环境：可以提高能源利用效率，带来节能减排效益；促进清洁能源开发，实现替代减排效益；提升土地资源整体利用率，节约土地占用。

（4）其他：可以带动经济发展，拉动就业；保障能源供应安全；变输煤为输电，提高能源转换效率，减少交通运输压力。

五、我国建设智能电网的有利条件

多年来，我国电力行业大力加强电网基础建设，同时密切关注国际电力技术发展方向，重视各种新技术的研究创新和集成应用，自主创新能力快速提升，电网运行管理的信息化、自动化水平大幅提高，科技资源得到优化，建立了居世界技术前沿的研发队伍和技术装备，为建设智能电网创造了良好条件。

（1）电网网架建设。网架结构不断加强和完善，特高压交流试验示范工程和特高压直流示范工程成功投运并稳定运行。全面掌握了特高压输变电的核心技术，为电网发展奠定了坚实基础。

（2）大电网运行控制。具有"统一调度"的体制优势和丰富的运行技术经验，调度技术装备水平国际领先，自主研发的调度自动化系统和继电保护装置获得广泛应用。

（3）通信信息平台建设。建成了"三纵四横"的电力通信主干网络，形成了以光纤通信为主，微波、载波等多种通信方式并存的通信网络格局。"SG186"工程取得阶段性成果，ERP、营销、生产等业务应用系统已完成试点建设并开始大规模推广应用。

（4）试验检测手段。已根据智能电网技术发展的需要，组建了大型风电网、太阳能发电和用电技术等研究检测中心。

（5）智能电网发展实践。各环节试点工作已全面开展，智能电网调度技术支持系统、智能变电站、用电信息采集系统、电动汽车充电设施、配电自动化、电力光纤到户等试点工程进展顺利。

(6) 大规模可再生能源并网及储能。深入开展了集中并网、电化学储能等关键技术的研究，建立了风电接入电网仿真分析平台，制定了风电场接入电力系统的相关技术标准。

(7) 电动汽车充放电技术领域。我国在充放电设施的接入、监控和计费等方面开展了大量研究，并已在部分城市建成电动汽车充电运营站点。

(8) 电网发展机制。我国电网企业业务范围涵盖从输电、变电、配电到用电的各个环节，在统一规划、统一标准、快速推进等方面均存在明显的优势。

第五节　数字化变电站

数字化变电站是以变电站一、二次系统为数字化对象，对数字化信息进行统一建模，将物理设备虚拟化，采用标准的网络通信平台，实现信息共享和互操作，满足安全、稳定、可靠、经济运行要求的现代化变电站。数字化变电站的主要技术涉及非常规互感器、IEC 61850 标准、网络通信技术、变电站信息集成、智能断路器技术等。

一、变电站自动化系统发展概述

(一) 集中式布置自动化系统

变电站自动化系统最初采用二次设备集中布置和常规监控保护方式。它具有简单、直观等优点，有着十分成熟的运行经验。但存在设备和功能重复配置、耗用大量的电缆和连接线、信息采集比较困难的缺点，效益和自动化水平较低。

(二) 分层分布式自动化系统

随着计算机技术、网络通信技术的飞速发展，目前普遍采用以双微机为核心的分层分布式综合自动化系统，二次控制保护设备分散布置在配电装置继电器小室内，取消常规控制屏，远动功能和就地功能统一设置等。这种自动化系统存在如下主要问题：

（1）信息共享不完善。

（2）设备之间不具备互操作性。

（3）系统的可扩展性差。

（4）系统可靠性受二次电缆影响。

（5）不同厂家设备之间的兼容性差。

（三）新技术对变电站自动化系统发展的影响

（1）IEC 61850 标准。IEC 61850《变电站网络与通信协议》标准是新一代的变电站网络通信体系，适应分层的 IED 和变电站自动化系统。为电力系统自动化产品的"统一标准、统一模型、互联开放"的格局奠定了基础，使变电站信息建模标准化成为可能，信息共享具备了可实施的基础前提。

（2）网络通信技术。随着二次设备逐步升级换代到微机型设备，光纤通信技术、网络技术飞速发展且在变电站自动化系统中不断应用，用数字通信手段传递电量信号，用光纤作为传输介质取代传统的金属电缆构成网络通信的二次系统已成为可能。分布式变电站自动化系统通过采用以太网技术，使系统的通信具有实时性、优先级、通信效率高等特点。

（3）非常规互感器。非常规互感器有两种基本类型：一是电子式互感器；二是光电效应的互感器。其输出信号，可直接用于微机保护和电子式计量设备。非常规互感器具有良好的绝缘性能、较强的抗电磁干扰能力、测量频带宽、动态范围大的优点。信号处理部分采用先进的数字信号处理 DSP 技术，具有实时性、快速性和便于进行复杂算法处理等特点。

（4）智能断路器技术。非常规互感器的出现以及计算机的发展，使得对于断路器设备内部的电、磁、温度、机械、机构动作状态监测成为可能。据此可实现设备的"状态检修"，减少设备停电检修，降低运行成本及人为因素造成的设备损坏。智能操作断路器是根据所检测到的电网中断路器开断前一瞬间的各种工作状态信息，自动选择和调整操动机构以及与灭弧室状态相适应的合理工作条件，以改变现有断路器的单一分闸特性，以期获得开断时电气和机构性能上的最佳开断效果。

综上所述，新技术的应用和 IEC 61850 标准的发展，使得变电站自动化系统有可能实现应用上的重大突破，从而为实现数字化变电站创造了条件。

(四) 数字化变电站技术的发展

非常规互感器的数字输出特性和智能电子设备的特点，决定其应用对变电站自动化装置、网络通信系统、现场试验的影响是全面和深远的，利用非常规互感器的光电转换和数据通信功能，实现过程层和间隔层的点对点 / 现场总线通信，将会成为变电站自动化系统改造升级的有效途径。建设以非常规互感器和其他智能电子设备为基础的新型变电站自动化系统，实现变电站站内各层间的无缝通信，最大限度地满足信息共享和系统集成的要求，是变电站自动化系统的发展方向。

数字化变电站技术的发展将会是个比较长期的过程，技术的成熟度、方案的可行性均要结合工程应用逐步完善，数字化变电站应用技术采取分步走的策略是比较现实和可行的方案。第一阶段可以结合 IEC 61850 标准实施示范性工程，以积累新一代变电站网络通信协议的应用经验；第二阶段在非常规互感器应用技术成熟的基础上，可以考虑选择采用非常规互感器技术实现信息采集、处理、传输数字化应用；第三阶段基于智能断路器技术的成熟度实现信息采集、处理、传输、从交流量的采集到断路器操作的全数字化应用；最终通过变电站总线与过程层总线的集成，实现数字化变电站集成型自动化的应用。

在数字化变电站技术发展过程中可以实现对常规变电站技术的兼容，这表明数字化变电站应用技术的发展可以建立在现有变电站自动化技术的基础上，实现应用上的平稳发展和逐步突破，使新技术的应用能有机地结合电网的发展。未来在数字化变电站应用技术成熟的基础上，将实现新一代数字化电网。

二、数字化变电站主要技术特征和架构基本结构

(一) 数字化变电站主要技术特征

数字化变电站采用低功率、紧凑型、数字化的新型电流互感器和电压

互感器代替常规的电流互感器和电压互感器，将高电压、大电流直接变换为低电平信号或数字信号；利用高速以太网构成变电站数据采集及传输系统，实现基于 IEC 61850 标准的统一信息建模；并采用智能断路器控制等技术，使得变电站自动化技术在常规变电站自动化技术的基础上实现跨越。数字化变电站主要技术特征体现在数据采集数字化、系统分层分布化、系统结构紧凑化、系统建模标准化、信息交互网络化、信息应用集成化、设备检修状态化、设备操作智能化。

(二) 数字化变电站架构体系的基本结构

数字化变电站以非常规互感器替代了常规继电保护装置、测控等装置的 I/O 部分；以交换式以太网和光缆组成的网络通信系统替代了以往的二次连接电缆和回路；基于微电子技术的 IED (智能电子装置) 设备实现了信息的集成化应用，以功能、信息的冗余替代了常规变电站装置的冗余，系统可实现分层分布设计。智能化一次设备技术的实现，使得控制回路实现了数字化应用，常规变电站部分控制功能可以直接下放，整个变电站可实现小型化、紧凑化的设计与布置。从物理上看，数字化变电站仍然是一次设备和二次设备 (包括保护、测控、监控和通信设备等) 两个层面。由于一次设备的智能化以及二次设备的网络化，数字式变电站一次设备和二次设备之间的结合更加紧密。从逻辑上看，数字化变电站各层次内部及层次之间采用高速网络通信。

(1) 变电站层。变电站层的主要任务是通过两级高速网络汇总全站的实时数据信息，不断刷新实时数据库，按时登录历史数据库；按既定协约将有关数据信息送往调度或控制中心；接收调度或控制中心有关控制命令，并转间隔层、过程层执行。具有在线可编程的全站操作闭锁控制功能；具有 (或备有) 站内当地监控、人机联系功能，如显示、操作、打印、报警等功能以及图像、声音等多媒体功能；具有对间隔层、过程层诸设备的在线维护、在线组态、在线修改参数的功能；具有 (或备有) 变电站故障自动分析和操作培训功能。

(2) 间隔层。间隔层的主要功能是汇总本间隔过程层实时数据信息，实施对一次设备保护控制功能；实施本间隔操作闭锁功能；实施操作同期及其他控制功能；对数据采集、统计运算及控制命令的发出具有优先级别的控制；承上启下的通信功能，即同时高速完成与过程层及变电站层的网络通信功能。必要时，上下网络接口具备双口全双工方式以提高信息通道的冗余度，保证网络通信的可靠性。

(3) 过程层。过程层是一次设备与二次设备的结合面，或者说过程层是指智能化电气设备的智能化部分。过程层的主要功能分三类，即实时运行电气量检测、运行设备状态检测和操作控制命令执行。

(三) 对变电站二次系统的影响

数字化变电站相关技术的应用对于变电站二次技术的发展影响是全方位的，在交流电气量的采集环节，变电站与 IED 之间的信息交互模式，变电站信息冗余性的实现方式以及变电站二次系统的可靠性、安全性、运行检修策略等，均将由于相关技术的应用而发生巨大的变化。这一系列变化意味着变电站二次系统技术将步入一个全新的发展阶段。数字化变电站技术的应用将主要在以下几个环节体现技术应用模式的变更。

(1) 一、二次系统实现有效的电气隔离。

(2) 信息交互采取对等通信模式。

(3) 信息同步采取网络同步机制。

(4) 系统的可观性、可控性提高。

(5) 信息的安全性问题凸显。

从数字化变电站的基本特性来看，新技术的应用可以实现一次、二次设备有效隔离，变电站内设备之间的信息通过连接光缆在以太网上实现信息采集、交互、传输等，变电站设备运行状态的可观性大大加强，信息的冗余性、设备的可用率显著提高，变电站自动化系统的安全性增加，设备的配置、变电站的占地面积明显减少，运行维护大大简化。

第六节 电网环境保护

一、变电站环境保护专业基础知识

变电站环境保护包括电磁辐射污染防治、噪声污染防治、废水污染治理、水土保持和生态环境保护等方面。对环境污染或破坏的治理必须从源头上采取措施进行控制。对废水、噪声、电磁辐射等污染因子必须采取必要的防治措施，以减少对周围环境的影响。对变电站站区及周边地区应进行适当的绿化，恢复和改善变电站周围地区的生态环境。

(一) 电磁辐射的防治

变电站电磁辐射主要是变电设施的工频电场、磁场、微波辐射以及无线电干扰对环境的影响。变电站及进出线的电磁辐射对环境的影响应符合《电磁环境控制限值》(GB 8702-2014)、《高压交流架空输电线路无线电干扰限值》(GB/T 15707-2017)和《环境影响评价技术导则 输变电》(HJ 24-2020)的规定及要求。

(二) 噪声防治

变电站的噪声主要是电气设备、导线在运行中发出的噪声和开关设备进行合闸及跳闸时发出的噪声。变电站噪声对周围环境的影响必须符合《工业企业厂界环境噪声排放标准》(GB 12348-2008)和《声环境质量标准》(GB 3096-2008)的规定，以及由环保部门批准的厂界达标要求。

(三) 废水治理

变电站的废水、污水应按种类分类收集、输送和处理，对外排放的水质必须符合《污水综合排放标准》(GB 8978-1996)中所规定的最高允许排放浓度要求，并根据受纳水体水域功能划分，执行相应的环境质量标准。不符合排放标准的废水不得排入自然水体或任意处置。

(四) 水土保持

变电站水土保持方案的编制必须符合《开发建设项目水土保持方案技术规范》(SL 204-1998) 要求以及《水土保持综合治理技术规范》(GB 16453-2008) 的有关规定，并且符合《生产建设项目水土流失防治标准》(GB/T 50434-2018) 的规定。

(五) 变电站生态环境保护

变电站的建设应符合国家《全国生态环境保护纲要》的有关要求，并应因地制宜在变电站站区内外种植树木和草皮等，变电站绿化率一般不宜低于15%。对于湿陷性黄土地区，由于防水的要求，设备区不宜绿化，绿化率可适当降低。

(六) 自然保护区的概念和规定

为了加强自然保护区的建设和管理，保护自然环境和自然资源，国家制定了《中华人民共和国自然保护区条例》，自然保护区分为国家级自然保护区和地方级自然保护区，地方级自然保护区可以分级管理。设定自然保护区的部门包括环保、林业、水利、旅游、地质矿产、海洋、农业等。自然保护区可以分为核心区、缓冲区和实验区。核心区禁止任何单位和个人进入。缓冲区只准从事科学研究观测活动，禁止开展旅游和生产经营活动。在自然保护区的核心区和缓冲区内，不得建设任何生产设施。在自然保护区的实验区内，不得建设污染环境、破坏资源或者景观的生产设施；建设其他项目，其污染物排放不得超过国家和地方规定的污染物排放标准。在自然保护区的外围保护地带建设的项目，不得损害自然保护区内的环境质量。

二、输电线路环境保护专业基础知识

输电线路与环境保护专业关系密切。输电线路的路径选择涉及环境保护的方方面面，输电线路必须满足各种电磁环境保护要求。

(一) 输电工程环境影响因素

(1) 线路运行期对环境的主要影响因素包括以下几方面:

①土地的占用,改变原有土地功能。

②输电线路下方及附近存在的工频电磁场对人、畜和动植物可能产生的影响。

③输电线路对邻近无线电装置可能产生的影响。

④高压线路电晕可听噪声对周围环境的影响。

⑤线路沿途砍伐林木,可能改变局部自然生态环境。

(2) 线路施工期对环境的主要影响因素包括以下几方面:

①施工临时占地将使部分农作物、树木等遭到短期损坏。

②材料、设备运输车辆产生噪声和扬尘。

③修筑施工道路扰动现有地貌,造成一定量的水土流失,产生扬尘。

④塔基场地平整、基础开挖等,扰动现有地貌,造成一定量水土流失,产生扬尘、固体废物和噪声等。

⑤结构施工时混凝土搅拌及基础打桩等产生噪声。

⑥施工期间生产和生活废水的排放。

⑦现场施工人员临时居住场所,可能临时搭建生活和取暖炉灶,产生环境空气污染物。

⑧人员及车辆进出等活动将给居民生活带来不便,对野生动物也将产生一定影响。

(二) 输电工程环境保护措施

1. 路径选择中的环境保护措施

(1) 尽可能使线路远离自然保护区、森林公园、风景名胜区。线路杆塔定位尽可能避开农田和果园,最大限度地减少征地量,保护农田和自然环境。

(2) 尽可能避让成片林等密集林区,若必须通过,则应采用高跨措施,以减少对林木的砍伐。

(3) 对运行影响较大的工矿企业应尽量避让,并应充分考虑沿线乡镇的经济发展。

(4) 当线路跨越河流时，尽可能不在河道中立塔，以避免线路对航运及河道泄洪能力的影响。

(5) 线路应尽量远离机场、火车站、码头等交通枢纽设施。

2. 线路的生态保护措施

(1) 线路的建设应满足电磁环境保护的要求。

(2) 清理地面、土石方挖掘转运、道路修建等活动，会造成植被丧失，干扰动物栖息环境，因此施工过程应合理规划施工并尽量减少施工占地，减少土石方的二次倒运。对于无法规避的占地，工程占地补偿费应列专款用于开垦新的耕地，来补偿占用的基本农田数量，尽可能保证当地基本农田数量不减少。

(3) 为减少打桩、挖掘机械、设备运输等施工噪声对动物可能带来的影响，工程宜采取低噪声的施工机械，减少打桩、爆破次数，将施工建设噪声对生态环境的影响降至最小。

(4) 对山丘地区线路，应采用高低腿与高低基础，使塔基避免大开挖，减少工程土石方量和水土流失，以较好地保护塔基所在地区自然环境。

(5) 对塔基开挖所形成的临时堆土场地，采用临时挡护措施，以减少堆土过程中可能造成的水土流失。

(6) 施工结束后，对施工场地进行整治，恢复植被。

第五章　电网智慧运营数字化新技术

第一节　大数据

一、电力大数据

随着互联网技术的不断发展，数据将像能源、材料一样成为战略性资源。利用数据资源发掘知识、提升效益、促进创新，使其为国家治理、企业决策乃至个人生活服务，是大数据技术追求的目标。随着技术的不断成熟，大数据技术将成为企业发展的重要工具。电力大数据是指通过传感器、智能设备、视频监控设备、音频通信设备、移动终端等渠道收集到的海量的结构化的、非结构化的，相互间存在关联关系的电力业务数据集合。电力大数据应用是以进一步支撑业务发展与创新为目标，利用大数据存储、整合、计算、应用四类核心技术，驱动业务应用和技术平台的升级与改造，扩展对业务数据采集的容纳能力，填补在非结构化数据分析与利用、海量数据挖掘等领域的空白，提升在信息资源价值挖掘方面的整体水平，促进业务管理向着更精细、更协同、更敏捷、更高效的方向发展。

(一) 电力大数据的特征

电力大数据的特征可以概括为"3V+3E"。其中"3V"分别是指体量（Volume）大，类型（Variety）多和速度（Velocity）快，"3E"分别是指数据即能量（Energy），数据即交互（Exchange），数据即共情（Empathy）。若仅从体量特征和技术范畴来讲，电力大数据是大数据在电力行业的聚焦和子集；但电力大数据更重要的是其广义的范畴，有着其他行业数据所无法比拟的丰富的内涵。

1. 体量大

体量大是电力大数据的重要特征。随着电网企业信息化的快速建设和智能电力系统的全面建成，电力数据的增长速度将远远超出电网企业的预期。就发电侧而言，随着电力生产自动化控制程度的提高，发电设备对诸如压力、流量和温度等指标的监测精度、频度和准确度的要求变得更高，对海量数据的采集与处理也提出了更严格的要求。就用电侧而言，每当设备采集频度提升，就会带来数据体量的指数级变化。

2. 类型多

电力大数据涉及多种类型的数据，包括结构化数据、非结构化数据、实时数据、GIS 数据。随着电力行业中视频应用的不断增多，音、视频等非结构化数据在电力数据中的占比进一步加大。此外，电力大数据应用过程中还存在着对行业内外能源数据、天气数据等多类型数据的大量关联分析需求，而这些都直接导致了电力数据类型的增加，从而极大地增加了电力大数据的复杂度。

3. 速度快

它主要指对电力数据采集、处理、分析的速度。电力系统业务对处理时限的要求较高，以"1s"为目标的实时处理是电力大数据的重要特征，这也是电力大数据与传统的事后处理型商业智能、数据挖掘间的最大区别。

4. 数据即能量

电力大数据具有无磨损、无消耗、无污染、易传输的特性，并可在使用过程中不断精练、增值，可以在保障电力用户利益的前提下，在电力系统各个环节的低耗能、可持续发展方面发挥独特而巨大的作用。它通过节约能量来提供能量，具有与生俱来的绿色性。电力大数据应用的过程就是电力数据能量释放的过程。从某种意义上讲，通过电力大数据分析达到节能的目的就是对能源基础设施的最大投资。

5. 数据即交互

电力大数据因其与国民经济社会广泛而紧密的联系而具有正外部性。其价值不只局限在电力工业内部，更体现在整个国民经济运行、社会进步以及各行各业创新发展等方面。其发挥更大价值的前提和关键是电力数据同行业外数据的交互融合以及在此基础上全方位地挖掘、分析和展现。这也能够有效地改善当前电力行业"重发轻供不管用"的行业短板，真正体现出"反馈经济"所带来的价值增长。

6. 数据即共情

电力大数据联系着千家万户、厂矿企业,推动中国电力工业由"以电力生产为中心"向"以客户为中心"转变,其中的本质就是对电力用户的终极关怀。通过对电力用户需求的充分挖掘和满足,建立情感联系,为广大电力用户提供更加优质、安全、可靠的电力服务。

(二)电力大数据技术架构

根据国际数据公司(International Data Corporation,IDC)的描述,大数据技术作为新一代技术和体系架构,将能够利用较低的成本,通过高速捕获、发现并对超大量、众多类型的数据进行分析,以获得信息的价值。

1. 数据整合

随着大数据时代的到来,一方面,企业的数据量已经从 MB、GB 级别迅速增长到了 TB 级别甚至 PB 级别,而且还在快速地增长;另一方面,企业 IT 系统对于数据保护的要求也从简单的备份转变为要求有企业数据管理和保护的综合性平台,做到实时性地保护、即时可用等。

2. 数据存储

大数据时代,数据不仅规模大,而且来源多种多样,有结构化的、半结构化的,还有非结构化的。如何区分这些大数据类型,并针对这些类型的特点更好地进行分门别类的存储成为必须解决的问题。一般结构化的数据存储于传统的关系型数据库中,半结构化的数据或者非结构化的数据则由非关系型数据库存储或者由分布式文件系统存储。

3. 数据计算

针对大数据的特点,可采取不同的计算方式。目前,业界比较认可的三种形式是实时计算、批量计算和流式计算。其中实时计算是指根据查询需求从海量数据中实时进行排重、排名、汇总等运算,其针对的是海量数据并且无法预算的情况;批量计算是指对静态数据的批量处理,即当开始计算之前数据已经准备到位,主要用于数据挖掘和验证业务模型;流式计算是指对具有时效性的数据进行的计算,需要依赖上游数据传输的正确性和实时性以及下游存储系统的高吞吐能力。

4. 应用层

针对高价值的大数据，需要在基础架构、数据管理、分析挖掘、决策支持层面进行全面分析。大数据的洞察过程是从基础架构适度扩展到数据管理工具选择，再到分析挖掘，最后呈现结果以供决策。大数据的存储、计算最终是要为大数据的洞察服务的，因此需要采取有效的洞察技术来挖掘并展示大数据提供的有效信息。

二、大数据关键技术

(一) 大数据整合技术

1. 消息队列技术——Kafka 消息队列

Kafka 是一个分布式的消息队列系统。Kafka 消息队列提供一个同时满足在线和离线处理海量数据的消息派发系统。它既满足现有的消息队列框架以及对消息传送可靠性的较高要求，也满足由此带来的较大负担所造成的海量高吞吐率的要求，又能够完全面向实时消息处理系统，为批量离线处理的场合提供足够的缓存。

2. 数据迁移技术——Sqoop

Sqoop 工具是在 Hadoop 环境下连接关系型数据库（MySQL，Oracle，PostgreSQL 等）和 Hadoop 存储系统的桥梁，支持多种关系数据源和 Hive、Hdfs、HBase 的相互导入。Sqoop 项目开始于 2009 年，最早是作为 Hadoop 的一个第三方模块而存在，后来为了让使用者能够快速部署，也为了让开发人员能够更快地迭代开发，Sqoop 成了一个独立的 Apache 项目。

(二) 大数据存储技术

1. 分布式文件系统——HDFS

HDFS 是一个主从结构系统，一个 HDFS 集群由一个名称节点和若干数据节点组成。名称节点是一个管理文件命名空间和调节客户端访问文件的主服务器，数据节点能管理对应节点的存储。HDFS 对外开放文件命名空间并允许用户数据以文件形式存储。

HDFS 的内部机制是将一个文件分割成一个或多个"块"，这些"块"被存储在一组数据节点中。名称节点用来操作文件命名空间的文件或目录，如打开、关闭、重命名等；同时确定"块"与数据节点的映射。数据节点负责来自文件系统客户的读写请求，同时还要执行"块"的创建、删除和来自名称节点的块复制指令。

2. 分布式列数据库——HBase

HBase 是一个可靠性高、性能强、可伸缩的分布式的面向列的数据库，利用 HBase 技术可在廉价的服务器上搭建起大规模结构化存储集群。HBase 利用 HDFS 作为其文件存储系统，利用 MapReduce 来处理海量数据。

（三）大数据计算技术

1. 并行计算技术——MapReduce

MapReduce 是一种编程模型，用于大规模数据集（大于 1TB）的并行运算。它从函数式编程语言里借来"Map（映射）"和"Reduce（归约）"概念，还从矢量编程语言里借来特性，使编程人员可以在不会分布式并行编程的情况下，将程序运行在分布式系统上。

2. 内存计算技术——Spark

Spark 是开源的类 MapReduce 的通用并行计算框架，它基于 Map-MaReduce 算法实现分布式计算，拥有 MapReduce 所具有的优点；但不同于 MapReduce 的是，SparkJob 的中间输出和结果可以保存在内存中，从而不再需要读写 HDFS，因此 Spark 能更好地适用于数据挖掘与机器学习等需要迭代的 MapReduce 算法。

3. 流计算技术——Storm

Storm 是一个分布式的、容错的实时计算系统。Storm 可以方便地在一个计算机集群中编写与扩展复杂的实时计算。Storm 保证每个消息都会得到处理，而且速度很快——在一个小集群中，每秒可以处理数以百万计的消息。Storm 集群由一个主节点和多个工作节点组成：主节点用于分配代码、布置任务及故障检测；每个工作节点都运行一个名为 Supervisor 的守护进程，用于监听工作、开始并终止工作进程。

4. 类 SQL 查询引擎技术——Hive

Hive 是基于 Hadoop 的数据仓库工具，它可以将结构化的数据文件映射为一张数据库表，并提供简单的 SQL 查询功能，可以将 SQL 语句转换为 MapReduce 任务并加以运行，可以通过类 SQL 语句快速实现简单的 Map Reduce 统计，不必开发专门的 MapReduce 应用，十分适合数据仓库的统计分析。

（四）分析挖掘技术

1. Mahout 机器学习库

Mahout 是一个开源项目，提供一些可扩展的机器学习领域的经典算法的实现案例，旨在帮助开发人员更加方便快捷地创建智能应用程序。Mahout 的最新版本也支持 ApacheHadoop，使这些算法可以更高效地运行在分布式环境中。

2. MLlib 机器学习库

MLlib 是 Spark 对一些常见的机器学习算法的实现库，支持的机器学习问题包括分类、回归、聚类、协同过滤、降维以及底层优化。它基于 Spark 的底层分布式机器学习库，可以不断地扩充算法。

3. R 语言

R 语言是一种集统计分析和图形直观显示于一体的语言环境，提供了一系列统计和图形显示工具。其功能包括数据存储和处理系统，提供有效的数据处理和保证机制，与其他编程语言、数据库之间有很好的接口；数组运算工具，拥有一整套数组和矩阵的操作运算符；统计制图功能，可以对数据直接进行分析和显示，可用于多种图形设备；简便而强大的编程语言，可操纵数据的输入和输出，用户可自定义功能。

三、电力大数据的应用

（一）法国电力公司基于大数据的用电采集应用

目前，全法国已经安装了 3500 万只智能电能表。智能电能表主要采集的是个体家庭的用电负荷数据；以每只电能表每 10 分钟抄表一次计算，3500 万只智能电能表每年将产生 1.8 万亿次抄表记录和 600TB 压缩前数据，电能表产生的数据量将在 5 ~ 10 年达到 PB 级。通过大数据挖掘，可从用户用电量、负荷、电价等海量信息中提取价值数据，为公司决策提供支撑。法国电力公司的研发部门成立了专门的项目组，借助大数据技术研究海量数据的处理架构。该项目的实施实现了电网调度等高级应用（电网状态监测及电网自动愈合），在用电需求侧管理方面实现了实时电价管理，还实现了电网的可再生能源接入。

（二）丹麦维斯塔斯风电公司基于大数据的数据实时处理平台

该公司拥有数万个风力发电机，分别安装在数十个国家内，其收集到的环境信息数据量惊人。近十年来，气象数据量就达到了 2.6PB。因此，需通过大数据技术实现决策实时处理。通过实施该项目，优化了风力发电机的放置，最大限度地提高了发电量并延长了设备使用寿命。

四、大数据对电力发展的影响

近几年，电力行业信息化得到了长足的发展。我国电网企业信息化起源于 20 世纪 60 年代，从初始电力生产自动化到 20 世纪 80 年代以财务电算化为代表的管理信息化建设，再到近年来大规模的企业信息化建设，特别是伴随着智能化电网的全面建设和以物联网、云计算为代表的新一代 IT 在电力行业中的广泛应用，电力数据资源开始迅速丰富并形成了一定的规模。从长远来看，作为中国经济社会发展的"晴雨表"，电力数据因其与经济发展紧密而广泛的联系，将会呈现无与伦比的正外部性，对我国经济社会发展以及人类社会进步形成更为强大的推动力。电力大数据应用是电力工业技术革新的必然过程，而不是简单的技术范畴。电力大数据不仅仅代表技术进步，更涉及整个电力系统在大数据时代下发展理念、管理体制和技术路线等方面的重大变革，是下一代智能化电力系统在大数据时代下价值形态的跃升。重塑电力核心价值和转变电力发展方式是电力大数据的两条主线。

（一）重塑电力核心价值

中国电力工业长期秉承"以计划为驱动、以电力生产为中心"的价值观念，重视企业价值和客户价值的实现，但在一定程度上忽视了社会效益，很难实现社会资源对电力工业的反馈促进作用，这是电网企业在社会主义市场经济条件下提升核心竞争力的最大挑战。大数据的核心价值之一就是个性化的商业未来，是对人的终极关怀。电力大数据通过对市场个性化需求和企业自身良性发展的挖掘和满足，重塑中国电力工业核心价值，驱动电网企业从"以人为本"的高度重新审视自己的核心价值，由"以电力生产为中心"向"以客户为中心"转变，并将其最终落脚在"更好地服务于全社会"这一根本任务上。

(二) 转变电力发展方式

人类社会经过工业革命之后的迅猛发展，能源和资源的快速消耗以及全球气候变化已经上升为影响全人类发展的首要问题。传统的投资驱动、经验驱动的快速粗放型发展模式，面临着越来越多的社会问题，亟待转型。电力大数据通过对电力系统生产运行方式的优化，对间歇式可再生能源的消纳以及对全社会节能减排观念的引导，能够推动中国电力工业由高耗能、高排放、低效率的粗放发展方式向低耗能、低排放、高效率的绿色发展方式转变。

第二节 数据挖掘技术

一、知识发现与数据挖掘

知识发现（Knowledge Discovery in Database，KDD）一词是于1989年8月在美国底特律市召开的第一届KDD国际学术会议上被正式提出的，用来描述从数据集中识别出有效的、新颖的、潜在有用的以及最终可理解的模式的非平行过程。有效性是指发现的模式对于新的数据仍保持一定的可信度；新颖性要求发现的模式应该是新的；潜在有用性是指发现的知识将来有实际效用，如用于决策支持系统里可提高经济效益；最终可理解性要求发现的模式能被用户理解，目前它主要体现在简洁性上；非平行过程说明整个知识发现过程不是线性的、平凡的一般过程，而是反复的、多次的、迭代的复杂的过程。作为一个KDD的工程而言，KDD通常包含一系列复杂的挖掘步骤，可归纳为五个最基本步骤。

（1）筛选。对数据源中的数据进行选取，决定需要哪些数据参与到本次知识发现当中来。

（2）预处理。对筛选后的数据进行预处理，消除数据中存在的错误值、缺失值、异常值等。

（3）变换。将预处理后的数据进行格式转换，以适应数据挖掘算法的使用。

（4）数据挖掘。使用数据挖掘算法对变换后的数据进行分析处理，构建应用模型。

（5）解释/评价。对数据挖掘后的模型进行解释和评估。

需要注意的是，这五个步骤并不是线性顺序关系，需根据实际项目情况变化，可能在任意步骤后反复到之前的步骤，是一个非平行的过程。可以看出，"数据挖掘"是知识发现过程中的核心步骤。

二、数据挖掘方法论

Special Interest Group（SIG）开发并提炼出了跨行业数据挖掘标准流程（Cross-Industry Standard Process for Data Mining, CRISP-DM），并在汽车领域和保险领域进行了大规模数据挖掘项目的实际试用。SIG 还将 CRISP-DM 和商业数据挖掘工具集成起来，推广应用。当前，CRISP-DM 提供了数据挖掘生命周期的全面评述，包括项目的周期、各自任务和这些任务之间的关系。一个数据挖掘项目的生命周期包含六个阶段。这六个阶段的顺序是不固定的，经常需要前后调整。

CRISP-DM 模型包括六个阶段：业务理解、数据理解、数据准备、建模、评估和部署。

（1）业务理解。本阶段主要理解项目目标和业务需求，并确定项目范围和项目计划。

（2）数据理解。本阶段任务主要包括数据收集、数据质量分析、数据之间关系的理解等工作。

（3）数据准备。本阶段任务主要包括处理收集到的数据、数据清洗及转换，为数据建模提供数据输入。

（4）建模。本阶段主要根据业务应用和数据特点，选择应用不同的模型技术，调整模型参数，形成有效的数据模型。

（5）评估。本阶段主要结合业务目标，对已建立的模型进行检查、评估，并进一步完善模型，确保模型符合业务需求。

（6）部署。本阶段主要对已建立的模型进行部署，以方便用户从数据中利用模型挖掘有用的信息，挖掘数据的隐藏价值。

三、数据挖掘功能与算法

数据挖掘的核心是通过数据挖掘算法实现数据的分类、估计、预测、关联、聚类等。

（一）分类分析

分类分析的目的是确定对象属于哪个预定义的目标类，包括分类模型建立、分类模型验证和分类模型使用三个步骤，可用于描述性建模和预测性建模。分类分析的主要算法包括决策树、贝叶斯分类、人工神经网络、支持向量机分类等。

（1）决策树。决策树是在已知各种情况发生概率的基础上，通过构成决策树来求取净现值的期望值大于等于零的概率，评价项目风险，判断其可行性的决策分析方法，是直观运用概率分析的一种图解法。由于这种决策分支画成图形很像一棵树的枝干，故称"决策树"。在数据挖掘中，决策树是一个预测模型，代表的是对象属性与对象值之间的一种映射关系。树中每个节点表示某个对象，而每个分叉路径则代表某个可能的属性值，每个叶节点则对应从根节点到该叶节点所经历路径所表示的对象的值。常用算法包括ID3、C4.5和C5.0等。

（2）贝叶斯分类。贝叶斯分类的原理是通过某对象的先验概率，利用贝叶斯公式计算出其后验概率，即该对象属于某一类的概率，选择具有最大后验概率的类作为该对象所属的类。应用贝叶斯网络分类器进行分类主要分成两个阶段：第一阶段是贝叶斯网络分类器的学习，即从样本数据中构造分类器，包括结构学习和条件概率表（Conditional Probability Table，CPT）学习；第二阶段是贝叶斯网络分类器的推理，即计算类节点的条件概率，对分类数据进行分类。这两个阶段的时间复杂性均取决于特征值间的依赖程度，因而在实际应用中，往往需要对贝叶斯网络分类器进行简化。根据对特征值间不同关联程度的假设，可以得出各种贝叶斯分类器。

（3）人工神经网络。人工神经网络是一种应用类似于大脑神经突触连接的结构进行信息处理的数学模型，在工程与学术界也常直接简称其为"神经网络"或"类神经网络"。神经网络是一种运算模型，由大量的节点（或称"神经元"）之间相互连接构成。每个节点代表一种特定的输出函数，称为"激励函数"。在人工神经网络中，每两个节点间的连接都代表一个通过该连接的信号的加权值，被称为"权重"，这相当于人工神经网络的记忆。网络的输出则因网络的连接方式、权重值和激励函数的不同而不同。网络自身通常是对自然界某种算法或者函数的逼近，也可能是对一种逻辑策略的表达。神经网络的研究内容相当广泛，反映了多学科交叉技术领域的特点。主要的研究工作集中在以下几个方面：

①生物原型研究。从生理学、心理学、解剖学、脑科学、病理学等生物科学方面研究神经细胞、神经网络、神经系统的生物原型结构及其功能机理。

②建立理论模型。根据生物原型的研究，建立神经元、神经网络的理论模型。其中包括概念模型、知识模型、物理化学模型、数学模型等。

③网络模型与算法研究。在理论模型研究的基础上构造具体的神经网络模型，以实现计算机模拟或准备制作硬件，包括网络学习算法的研究。这方面的工作也称为"技术模型研究"。

④人工神经网络应用系统。在网络模型与算法研究的基础上，利用人工神经网络组成实际的应用系统。例如，完成某种信号处理或模式识别的功能、构造专家系统、制成机器人等。

（4）支持向量机分类。支持向量机在解决小样本、非线性及高维模式识别中表现出许多特有的优势，并能够推广应用到函数拟合等问题中。支持向量机方法是建立在统计学习理论的 VC 维理论和结构风险最小原理基础上的，根据有限的样本信息在模型的复杂性（对特定训练样本的学习精度）和学习能力（无错误地识别任意样本的能力）之间寻求最佳折中，以求获得最好的推广能力。

(二) 回归分析

回归分析是确定两种或两种以上变量间相互依赖的定量关系的一种统计分析方法。回归分析按照涉及的自变量的多少，可分为一元回归分析和多元回归分析；按照自变量和因变量之间的关系类型，可分为线性回归分析和非线性回归分析。如果在回归分析中，只包括一个自变量和一个因变量，且二者的关系可用一条直线近似表示，这种回归分析称为"一元线性回归分析"；如果回归分析中包括两个或两个以上的自变量，且因变量和自变量之间是线性关系，则称为"多元线性回归分析"。

回归分析的主要过程为：

①从一组数据出发，确定某些变量之间的定量关系式，即建立数学模型并估计其中的未知参数。估计参数的常用方法是最小二乘法。

②对这些关系式的可信程度进行检验。

③在许多自变量共同影响着一个因变量的关系中，判断哪个 (或哪些) 自变量的影响是显著的，哪些自变量的影响是不显著的，将影响显著的自变量选入模型中，剔除影响不显著的变量，通常用逐步回归、向前回归和向后回归等方法。

④利用所求的关系式对某一生产过程进行预测或控制。

回归分析的应用是非常广泛的，统计软件包使各种回归方法的计算十分方便。需要注意的是，相关分析研究的是现象之间是否相关，相关的方向和密切程度，一般不区别自变量或因变量；而回归分析则要分析现象之间相关的具体形式，确定其因果关系，并用数学模型来表现其具体关系。比如说，从相关分析中可以得知"质量"和"用户满意度"变量密切相关，但是这两个变量之间到底是哪个变量受哪个变量的影响，影响程度如何，则需要通过回归分析方法来确定。

(三) 聚类分析

聚类是将数据分类到不同的类的一个过程，所以同一个簇中的对象有很大的相似性，而不同簇间的对象有很大的相异性。聚类与分类的不同在于，聚类所要求划分的类是未知的。

从统计学的观点看，聚类分析是通过数据建模简化数据的一种方法。传统的统计聚类分析方法包括系统聚类法、分解法、加入法、动态聚类法、有序样品聚类、有重叠聚类和模糊聚类等。采用 k 均值、k 中心点等算法的聚类分析工具已被加入许多著名的统计分析软件包中，如 SPSS、SAS 等。从机器学习的角度讲，簇相当于隐藏模式，聚类是搜索簇的无监督学习过程。无监督学习不依赖预先定义的类或带类标记的训练实例，需要由聚类学习算法自动确定标记，而分类学习的实例或数据对象有类别标记。聚类是观察式学习，而不是示例式学习。

聚类分析是一种探索性的分析，在分类的过程中，人们不必事先给出一个分类的标准。聚类分析能够从样本数据出发，自动进行分类。聚类分析所使用的方法不同，常常会得到不同的结论。不同研究者对于同一组数据进行聚类分析，所得到的聚类数未必一致。从实际应用的角度看，聚类分析是数据挖掘的主要任务之一。聚类能够作为一个独立的工具获得数据的分布状况，观察每一簇数据的特征，集中对特定的聚簇集合作进一步的分析。聚类分析还可以作为其他算法（如分类和定性归纳算法）的预处理步骤。

（四）关联分析

关联分析的一个典型例子是购物篮分析。该过程通过发现顾客放入其购物篮中的不同商品之间的联系，分析顾客的购买习惯。通过了解哪些商品频繁地被顾客同时购买，帮助零售商制定营销策略。其他的应用还包括价目表设计、商品促销、商品的排放和基于购买模式的顾客划分。可从数据库中关联分析出"由于某些事件的发生而引起另外一些事件的发生"之类的规则。关联分析是一种简单、实用的分析技术，主要功能是发现存在于大量数据集中的关联性或相关性，从而描述一个事物中某些属性同时出现的规律和模式。

（五）时间序列

时间序列是按时间顺序排列的一组数字序列。时间序列分析就是对这组数列应用数理统计方法加以处理，以预测未来事物的发展。时间序列分析是定量预测方法之一，它的基本原理是：承认事物发展的延续性，认为应用过去的数据，就能推测事物的发展趋势；考虑事物发展的随机性，认为任何事物的发展都可能受偶然因素影响，为此要利用统计分析中的加权平均法对历史数据进行处理。该方法简单易行，便于掌握，但准确性差，一般只适用于短期预测。时间序列预测一般反映三种实际变化规律：趋势变化、周期性变化、随机性变化。

（1）时间序列的要素。一个时间序列通常由四种要素组成：趋势、季节变动、循环波动和不规则波动。

①趋势是时间序列在长时期内呈现出来的持续向上或持续向下的变动。

②季节变动是时间序列在一年内重复出现的周期性波动。它是在诸如气候条件、生产条件、节假日或人们的风俗习惯等各种因素影响下的结果。

③循环波动是时间序列呈现出的非固定长度的周期性变动。循环波动的周期可能会持续一段时间，但与趋势不同，它不是朝着单一方向的持续变动，而是涨落相同的交替波动。

④不规则波动是时间序列中除去趋势、季节变动和周期波动之后的随机波动。不规则波动通常总是夹杂在时间序列中，致使时间序列产生一种波浪形或振荡式的变动。只含有随机波动的序列也称为"平稳序列"。

（2）时间序列的建模步骤。

时间序列建模的基本步骤如下：

第一，用观测、调查、统计、抽样等方法取得被观测系统的时间序列动态数据。

第二，根据动态数据作出相关图，进行相关分析，求自相关函数。相关图能显示出变化的趋势和周期，并能发现跳点和拐点。跳点是指与其他数据不一致的观测值。如果跳点是正确的观测值，在建模时应考虑进去；如果是反常现象，则应把跳点调整到期望值。拐点则是指时间序列从上升趋势突然变为下降趋势的点。如果存在拐点，则在建模时必须用不同的模型去分段拟合该时间序列，如采用门限回归模型。

第三，辨识合适的随机模型，进行曲线拟合，即用通用随机模型去拟合时间序列的观测数据。对于短的或简单的时间序列，可用趋势模型和季节模型加上误差来进行拟合；对于平稳时间序列，可用通用 ARMA 模型（自回归滑动平均模型）及其特殊情况的自回归模型、滑动平均模型等来进行拟合。当观测值多于 50 个时，一般都采用 ARMA 模型。对于非平稳时间序列，则要先将观测到的时间序列进行差分运算，化为平稳时间序列，再用适当模型去拟合这个差分序列。

（四）数据挖掘技术在电网企业中的应用

数据挖掘技术的应用有利于电网企业对产生的数据进行充分利用，是支撑电网企业智能化运营的重要技术手段。数据挖掘技术能充分利用电网企业的基础数据，为智能化运营涉及的经营、调度、检修等方面的业务提供辅助决策支撑，提升企业智能化运营管理水平。当前，电网企业主要产生三类核心数据：电网企业生产数据（如各种设备运行参数、发电稳定性等指标数据）；电网企业运营数据（如交易电价、售电量等营销数据）；电网企业管理数据（如 ERP、协同办公系统等方面的数据）。

这些数据可以通过各种数据挖掘技术、统计学模型进行计算，生成分析预测结果并通过仪表板及报告（或与其他系统集成）展示，用以完成下列任务：负荷预测与用户特征提取；电力系统故障诊断。

第三节　数据可视化技术

一、数据可视化的概念

数据可视化是指运用计算机图形学和图像处理技术，将数据转换为图形或图像，在屏幕上显示出来，并进行交互处理的理论、方法和技术，它涉及计算机图形学、图像处理、计算机辅助设计、计算机视觉及人机交互技术等多个领域。随着计算机技术的发展，数据可视化的概念已大大扩展，它不仅包括科学计算数据的可视化，而且包括工程数据和测量数据的可视化。数据可视化技术可以帮助企业发现运营中隐含的规律，从而为公司决策者提供依据。

随着社会信息化的推进和网络应用的日益广泛，信息源越来越庞大。除了需要对海量数据进行存储、传输、检索及分类外，更需要了解数据之间的相互关系及发展趋势。实际上，在激增的数据量背后，隐藏着许多重要的信息，人们希望能够对其进行更高层次的分析，以便更好地利用这些数据。而数据可视化以图像化的方式表达数据之间的关系，以便人们分析数据背后隐藏的信息。

二、数据可视化的分类

数据可视化的处理对象是数据，通常包含科学可视化和信息可视化。

(一) 科学可视化

科学可视化是可视化领域最早、最成熟的一个跨学科研究与应用领域。面向的领域主要是自然科学，如物理、化学、气候气象、航空航天、医学、生物等学科，这些学科通常需要对数据和模型进行解释、操作与处理，旨在寻找其中的模式、特点、关系及异常情况。科学可视化的基础理论与方法已经相对成形，早期的关注点主要在于三维真实世界的物理化学现象，因此数据通常表达在三维或二维空间，或包含时间维度。鉴于数据的类别可分为标量(密度、温度)、向量(风向、力场)、张量(压力、弥散)三类，科学可视化也可粗略分为标量场可视化、向量场可视化和张量场可视化。

1. 标量场可视化

标量指单个数值，即每个记录的数据点上有一个单一的值。标量场指二维、三维或四维空间中每个采样处都有一个标量值的数据场。标量场的来源分为两类：第一类为扫描或测量设备，如从医学断层扫描设备获取的 CT(电子计算机断层扫描)、MRI(磁共振成像)三维影像；第二类为计算机或机器仿真，如从核聚变模拟中产生的壁内温度分布。

2. 向量场可视化

向量场在每一个采样点处是一个向量(一维数组)。向量代表某个方向或趋势，如来源于测量设备的风向和旋涡及来源于数据仿真的速度和力量等。向量场可视化主要的关注点是其中蕴含的流体模式和关键特征区域。在实际应用中，由于二维或三维流场是最常见的向量场，所以流场可视化是向量场可视化中最重要的组成部分。

3. 张量场可视化

张量是矢量的推广，标量可看作 0 阶张量，矢量可看作 1 阶张量。张量场可视化方法有基于纹理、几何和拓扑的方法三类。

（1）基于纹理的方法将张量场转换为静态图像或动态图像序列，图释张量场的全局属性，其思路是将张量场简化为向量场，进而采用线积分法、噪声纹理法等方法显示。

（2）基于几何的方法生成刻画某类张量场属性的几何表达。其中，图标法采用某种几何形式表达单个张量，如椭球和超二次曲面；超流线法将张量转换为向量（如二阶对称张量的主特征方向），再沿主特征方向进行积分，形成流线、流面或流体。

（3）基于拓扑的方法计算张量场的拓扑特征（如关键点、奇点、灭点、分叉点和退化线等），依次将感兴趣区域剖分为具有相同属性的子区域，并建立对应的图结构，实现拓扑简化、拓扑跟踪和拓扑显示。基于拓扑的方法可有效生成多变量场的定性结构，快速构造全局流场结构，特别适合于数值模拟或实验模拟生成的大尺度数据。

（二）信息可视化

信息可视化处理的对象是抽象的非结构化数据集合（如文本、图表、层次结构、地图、软件、复杂系统等）。此类数据通常不具有空间中的位置属性，因此要根据特定数据分析的需求，决定数据元素在空间中的布局。因为信息可视化的方法与所针对的数据类型紧密相关，所以通常按数据类型将它大致分为如下几类。

1. 时空数据可视化

时间与空间是描述事物的必要因素，因此，地理信息数据和时变数据的可视化也显得至关重要。对于地理信息数据可视化来说，合理地选择和布局地图上的可视化元素，从而呈现尽可能多的信息是关键。时变数据通常具有线性和周期性两种特征，需要依此选择不同的可视化方法。

2. 层次与网络结构数据可视化

层次结构数据类似于一棵树，它是有一个根节点，并且不存在回路的特殊网络，如公司的组织结构、文件系统的目录结构、家谱等。网络结构数据是现实世界中最常见的数据类型之一，如人与人之间的关系、城市之间的道路连接、科研论文之间的引用都组成了网络。层次与网络结构数据通常使用点线图来实现可视化，如何在空间中合理有效地布局节点和连线是可视化的关键。

3. 文本和跨媒体数据可视化

随着网络媒体特别是社交媒体的迅速发展，每天都会产生海量的文本数据。人们对于视觉符号的感知和认知速度远远高于文本，因此，通过可视化呈现其中蕴含的有价值的信息，将大大提高人们对于这些数据的利用率。具体需要从非结构化文本数据中提取结构化信息，并进行可视化。

4. 多变量数据可视化

用于描述现实世界中复杂问题和对象的数据通常是多变量的高维数据，如何将其在二维屏幕上呈现是可视化面临的挑战。多变量数据的可视化方法包括将数据降维到低维度空间，使用相互关联的多视图同时表现不同维度等。

三、可视化技术在电网智能调度系统中的应用

调度系统现有的安全监控和数据采集系统 / 能源管理系统（SCADA 系统 /EMS）有成熟的理论基础和应用经验，但也有一些问题，如在实时运行系统中，调度员与自动化系统间的互动关系不畅；系统海量数据的抽取及其效用展示不足；数据挖掘方法等未完全依赖于数学知识模型；生产和管理等诸多系统中多源数据的融入与开放度不够。针对上述问题，以调度员思维模式为框架，以可视化界面为功能模范，设计了以互动计算为系统核心的电网智能调度可视化系统。

该系统的特点如下：很好地继承了原有 SCADA 系统 /EMS 中有效的实践经验；有效地采用了调度员在实际调度中的思维模式，可按调度原则顺序展示工作流，更可以按调度员的直觉跳跃工作；将可视化界面与功能紧密结合，展示调度员所思、想看及动手操作的具有视觉敏感的界面，加深对系统态势及解决方法的理解；系统框架是一个开放式系统。该系统的核心算法是互动与顺序协调统一的在线算法，可采用纯数学模型算法、数据挖掘算法、人工智能算法等。

该系统按照电网运行状态分三层显示：

第一层显示电网整体运行状态。正常情况下，可视化系统的可视化界

面上只显示很少的信息，但是一旦可视化系统进入预警状态，则立即通过非常直观的图形界面进行报警，并通过多种手段来表示不同等级的告警，如通过颜色的变化来表示告警，浅色表示低等级告警，颜色越深，告警等级越高。告警等级可以通过可视化系统的配置属性进行设置。

第二层显示宏观数据分析结果。正常情况下，可视化系统可以用三维柱状图监视特定的一个或多个断面的潮流。如电网处于正常安全状态，则用图形方式显示电网离不安全状态的距离；如处于不正常运行状态，则给出解除不安全状态的建议对策。同时，每五分钟一次，实时扫描并分析，以图形方式给出每种故障严重程度的指标。

第三层显示所关心量的具体数值。可视化系统可以显示所有设备的监视数据。

第四节　云计算

一、云计算概述

(一) 云计算的概念

云计算是基于互联网的相关服务的增加、使用和交付模式，通常需通过互联网提供动态易扩展且经常是虚拟化的资源。云计算代表了以虚拟化技术为核心，以低成本为目标的动态可扩展网络应用基础设施，是近年来最有代表性的网络计算技术与模式。美国国家标准与技术研究院提出，云计算是一种模型，它可以随时随地、快捷地、按需应变地从可配置计算资源池中获取所需的资源 (如网络服务器、存储、应用及服务)，资源能够快速提供并释放，使管理资源的工作量与服务提供者的交互减小到最低限度。

(二) 主要特征

云计算通过大量的分布式计算机进行计算，使得企业能够将资源切换到需要的应用上，并根据需求访问计算机和存储系统。好比是从单台发电机模式转向了电厂集中供电的模式，它意味着计算能力也可以作为一种商品进行流通，就像煤气、水电一样，取用方便，费用低廉，而最大的不同之处在于，它是通过互联网进行传输的。

(三) 主要分类

根据云服务对象的不同，云的形态可以分为私有云和公有云，企业内部可能同时拥有这两种形态的云，另外还存在社区云和混合云。

1. 私有云 (也称内部云)

企业自己搭建云计算基础架构，面向内部用户提供云计算服务。企业拥有基础架构的自主权，并且可以基于自己的需求改进服务，进行自主创新。其意义在于可加速企业内部创新的速度，整合企业内部资源，提高资源利用率，同时降低管理成本。私有云包括测试/开发云，数据中心云和内部存储云等。

2. 公有云

企业通过自己的基础设施直接向外部用户提供服务。外部用户通过互联网访问云计算提供的服务，无须自行构建云计算资源。其意义在于企业能够以低廉的价格提供有吸引力的服务给最终用户，创造新的业务价值。公有云作为一个支撑平台，还能够整合上游的服务 (如增值业务、广告) 提供者和下游最终用户，打造新的价值链和生态系统。公有云包括搜索云、企业办公云、个人存储云和公共计算云等。

3. 社区云和混合云

社区云指在特定社区内共享的云系统，如由某公司及其合作伙伴共同承建并分享使用的云系统。混合云指由以上三种云系统中的两种以上云系统共同配合来提供 IT 服务的混合型云系统。

(四) 服务模式

云计算具有低成本、高性能、高可靠运行架构的特点，能满足用户对信息化、互联网、移动互联网等业务的应用需求。云计算通常包括以下三个层次的服务：基础设施即服务、平台即服务和软件即服务。

1. IaaS (基础设施即服务)

通过互联网可以从完善的计算机基础设施获得服务。基础设施服务提供商为用户提供虚拟机或存储资源，在这种服务模式下，用户无须对计算机基础设施进行管理与维护，就可直接由基础设施加载应用。这种服务的特点是资源抽象和资源管理自动化。资源抽象是指基础设施提供商运用虚拟化手段，对分散的物理资源进行逻辑抽象，以方便用户对资源进行统一调用；资源管理自动化是指基础设施架构不但拥有自动的资源优化功能以实现资源的负载均衡，而且拥有资源部署功能，以实现资源从创建到使用的自动化。

在 IaaS 模式下，云计算服务商提供虚拟的硬件资源，如虚拟的主机以及存储、网络、安全等资源，用户无须购买服务器、网络设备和存储设备，只需通过网络租赁即可搭建自己的应用系统。IaaS 定位于底层，向用户提供可快速部署、按需分配、按需付费的高安全与高可靠性的计算能力以及存储能力租用服务，并可为应用提供开放的云基础设施服务接口，用户可以根据业务需求灵活定制租用相应的基础设施资源。

2. PaaS（平台即服务）

PaaS 实际上是指将软件研发平台作为一种服务，以 SaaS 的模式提交给用户。因此 PaaS 也是 SaaS 模式的一种应用。但是，PaaS 的出现可以加快 SaaS 的发展，尤其是加快 SaaS 应用的开发速度。PaaS 提供商为用户提供软件开发工具包，方便用户在客户端开发及测试应用程序。

在 PaaS 模式下，用户只需集中精力进行应用软件开发，而无须考虑系统资源的管理。平台服务对应的用户是应用的开发者。平台服务的特点是开发环境友好、资源调度自动化、应用管理精细化。开发环境友好是指平台服务提供商为应用开发者提供便捷的工具包以进行软件开发、测试；资源调度自动化是指平台服务能够根据在其上运行的应用程序状态自动调动系统资源，以应对应用突发的大量资源请求；应用管理精细化是指平台服务可以同步监控应用的运行状态以及应用使用的系统资源量，这样可以根据应用对系统资源的消耗而合理地收取费用。

3. SaaS（软件即服务）

SaaS 是指用户通过标准的 Web 浏览器来使用 Internet 上的软件。从用户角度来说，这意味着他们前期无须在服务器或软件许可证授权上进行投资；从供应商角度来看，与常规的软件服务模式相比，维护一个应用软件的成本要相对低廉。SaaS 供应商通常是按照客户所租用的软件模块来进行收费的，因此用户可以按需订购软件应用服务。SaaS 提供商为用户提供按需使用的应用软件，软件的升级、维护等工作完全由 SaaS 提供商在云端完成，SaaS 提供商只向用户收取软件的使用或者租赁费用，而不是将软件出售给用户。SaaS 提供商对应的用户是使用应用软件的终端用户。

SaaS 的特征是：多用户服务、安全性、支持通用协议。多用户服务是指每个软件服务的对象是众多的，对海量用户的服务可以产生较大的规模效益，所提供的服务并非完全同质，对某些对象可提供定制化的服务。安全性是指软件提供商将在云端及客户端两个层面确保用户的数据是安全的。支持通用协议是指软件服务可以与通用的、公开的协议对接，用户连接网络就可以方便地使用应用软件。随着软件与服务结合程度的更加紧密，软件服务与应用软件的发展趋势具有较强的一致性，软件服务的发展也将具有多样化、个性化和强适应性的趋势。

二、云计算核心技术及平台

(一) 云计算核心技术

1. 并行计算技术

科研领域并行计算的主流技术是 MPI (消息传递接口)，以支持 Fortran 语言、C 语言程序的科学计算为优势。云计算领域的代表性技术是 Hadoop，突出商用的扩展性架构，大数据量处理，大大简化开发难度，屏蔽系统底层的复杂性。

2. 分布式存储技术

为保证高可用、高可靠和经济性，云计算采用分布式存储的方式来存储数据，采用冗余存储的方式来保证存储数据的可靠性，即为同一份数据存储多个副本。云计算系统需要同时满足大量用户的需求，并行地为大量用户提供服务，因此，云计算的数据存储技术必须具有高吞吐率和高传输率。

3. 数据管理技术

云计算需要对分布的、海量的数据进行处理、分析，因此，数据管理技术必须能够高效管理大量的数据。

4. 绿色 IT 信息技术

企业数据中心的正常运转需要电力、冷却系统、占地空间和环境等因素的有效支撑。发电会排放温室气体，IT 设备的冷却，不间断电源（UPS）的供电，发电和输电会消耗大量的能源，占地空间的需求，废旧设备的清理等都会影响到自然环境，因此企业需要考虑电力、冷却系统、占地空间和环境等因素，并制定优化策略来满足企业的绿色环保要求。

5. 自动化部署技术

自动化部署是指通过自动安装和部署，将计算资源从原始状态变为可用状态，在云计算中体现为将虚拟资源池中的资源划分、安装和部署成可以为用户提供各种服务和应用的过程，其中包括硬件（服务器）、软件（用户需要的软件和配置）、网络和存储。

6. 虚拟化技术

通过池化和共享 IT 基础设施资源实现资源优化利用和按需自动供给。虚拟化通常是指在虚拟资源基础上而不是真实的基础上运行计算的一种技术。虚拟化技术可以扩大硬件的容量，简化软件的重新配置过程。虚拟化技术主要分为以下几种：

（1）服务器虚拟化。通过区分资源的优先次序，实现随时随地将服务器资源分配给最需要它们的工作负载，以达到简化管理和提高效率的目标，从而减少为单个工作负载峰值而储备的资源。

（2）存储虚拟化。存储虚拟化是一种打通存储底层的基础建设，通过虚拟化产品提供的逻辑层整合整个存储环境，为前端服务器的存储需求提供单一化服务。

（3）网络虚拟化。网络虚拟化是将基于服务的传统客户端 / 服务器迁移到网络上以实现服务的一种技术。

（二）云计算平台

云计算平台使企业可以更有效地利用 IT 硬件和软件投资，方便企业对云计算资源池的管理。常见的云计算平台如下：

1. Cloud Stack 云计算平台

Cloud Stack 是一个开源的具有高可用性及扩展性的云计算平台。可以管理大部分主流的操作系统中间层管理软件，如 VMware、Oracle VM 等。使用 Cloud Stack 作为基础，数据中心操作者可以快速方便地通过现存基础架构创建云服务。

2. Open Stack 云计算平台

Open Stack 是一个自由软件和开放源代码项目，可为公共云及私有云的建设与管理提供软件，其首要任务是简化云的部署过程并为其带来良好的可扩展性。

3. vSphere 虚拟化技术

vSphere 是一套服务器虚拟化解决方案，它将应用程序和操作系统从底层硬件分离出来，从而简化了 IT 操作。现有的应用程序可以看作专有资源，而服务器则可以作为资源池进行管理。因此，业务将在简化但恢复能力极强的 IT 环境中运行。vSphere 中的核心组件为 VMwareESXi，在 ESXi 安装好以后，可以通过 vSphere Client 远程连接控制，在 ESXi 服务器上创建多个虚拟机，在为这些虚拟机安装好 Linux 或 Windows Server 操作系统后，它们就成为能提供各种网络应用服务的虚拟服务器。ESXi 还支持硬件虚拟化，运行于其中的虚拟服务器性能好、稳定性高，而且更易于管理维护。

三、电力系统仿真云计算中心的应用

电力系统仿真云计算中心将电力系统计算模式由单独部署的硬件和独立运行的软件转换为集中部署的计算机平台和统一提供的软件，实现电网数据的融合一致及计算的统一协作。电力系统仿真云计算中心的体系架构可分为基础设施、数据管理、仿真计算、协同工作和咨询服务等几个云层，每一层都为上一层提供服务。电力系统仿真云计算中心可提供 5 万节点规模的大电网计算，支持 10 万用户。通过这一套软件系统，完全可以为总部、省公司、地公司和县公司等各级单位的生产、运行、规划、设计、科研、试验等工作提供在线、稳定、安全的计算服务。

根据服务对象的不同，电力系统仿真云计算中心提供两种服务方式：通过人机界面为最终用户提供计算操作服务和通过程序接口为其他软件系统提供计算调用服务。通过云计算中心的人机界面，总部及下属各单位，在云计算中心建立各自的企业账号，分配相应的资源，就可以建立自己的数据空

间，然后通过浏览器录入电网模型数据，进行计算和分析。用户在应用过程中无须关心软件设置，实现计算的具体位置和计算资源的配置。通过云计算中心提供的服务接口，电网企业各级部门的软件系统如规划系统、安全评估和预警等系统，可将数据发送给云计算中心进行计算，计算完成后取回计算结果进行分析。

根据电力系统信息安全的要求，电力系统仿真云计算中心初期可部署在电网企业信息安全内网上。随着安全水平的提高，电力系统仿真云计算中心也可以部署在互联网上，为科研单位、高等院校和公众提供计算服务。

第五节　物联网

一、物联网概述

(一) 基本概念

物联网就是物物相连的互联网，它有两层含义：物联网的核心和基础仍然是互联网，它是在互联网基础上延伸和扩展的网络；物联网用户端延伸和扩展到任何物品与物品之间，进行信息交换和通信。物联网通过智能感知、识别技术与普适计算等被广泛应用于网络的融合中，因此也被称为继计算机、互联网之后世界信息产业发展的"第三次浪潮"。

中国物联网校企联盟将物联网定义为当下几乎所有信息通信技术与计算机、互联网技术的结合，以实现物体与物体之间环境及状态信息的实时共享以及数据智能化的收集、传递、处理、执行。从广义上说，涉及信息技术的应用都可以纳入物联网的范畴。

(二) 主要特征

物联网通过感知技术、互联网技术，实现了物与物相连，其主要特征如下：

(1) 物联网是各种感知技术的广泛应用：物联网上部署了海量的多种类型传感器，每个传感器都是一个信息源，不同类别的传感器所捕获的信息内容和信息格式不同。传感器获得的数据具有实时性，按一定的频率周期性采集环境信息，不断更新数据。

（2）物联网是一种建立在互联网上的泛在网络：物联网技术的重要基础和核心仍旧是互联网，通过各种有线和无线网络与互联网融合，将物体的信息实时准确地传递出去。在物联网上的传感器定时采集的信息需要通过网络传输，由于其数量极其庞大，形成了海量信息。为了保障数据的正确性和及时性，这些数据在传输过程中必须适应各种异构网络和协议。

（3）物联网具备一定的智能化处理能力：物联网不仅提供了传感器的连接，其本身也具有智能化处理的能力，能够对物体实施智能控制。物联网将传感器和智能化处理相结合，利用云计算、模式识别等智能技术，扩充其应用领域。从传感器获得的海量信息，可以利用大数据技术进行分析、加工，形成有意义的信息，以适应不同用户的不同需求。此外，物联网的精神实质是提供不拘泥于任何场合、任何时间的应用场景与用户的自由互动，它依托云服务平台和互通互联的嵌入式处理软件，弱化技术色彩，强化与用户之间的良性互动，具备更佳的用户体验、更及时的数据采集和分析建议，是通往智能生活的物理支撑。

(三) 主要技术

1. 射频识别技术

射频识别技术（RFID）是一种无线通信技术，可以通过无线电信号识别特定目标并读写相关数据，而无须在系统与特定目标之间建立机械或者光学接触。许多行业都运用了射频识别技术，如将射频标签附着在一辆生产中的汽车上，可以追踪此车在生产线上的进度；将射频标签附于牲畜身上，方便对牲畜进行积极识别（积极识别的意思是防止数只牲畜使用同一个身份）；射频识别的身份识别卡可以使人进入所住的建筑部分；汽车上的射频应答器可以用来征收收费路段与停车场的费用。

2. 无线传感器网络

无线传感器网络可以看成是由数据获取网络、数据分布网络和控制管理中心三部分组成的。其主要组成部分是集成有传感器、数据处理单元和通信模块的节点，各节点通过协议自组成一个分布式网络，再将采集来的数据优化后经无线电波传输给信息处理中心。其特性主要表现为具有无中心自组网、网络拓扑的动态变化、传输能力有限等。

3. 嵌入式系统

嵌入式系统是一种完全嵌入受控器件内部，为特定应用而设计的专用计算机系统，由一个或几个预先编程好用来执行少数几项任务的微处理器或者单片机组成。嵌入式系统可在成熟的平台和产品基础上与应用传感单元结合，扩展物联和感知的能力，发掘某领域物联网应用。作为物联网的重要技术组成，嵌入式系统的应用有助于使人们深刻全面地理解物联网的本质。

二、物联网架构

物联网架构可分为感知层、网络层和应用层三层。

(一) 感知层

物联网中要实现物与物和人与物间的通信，感知层是必需的。感知层数字技术支撑电网企业智慧运营的探索与研究主要实现信息采集、捕获和识别功能。感知层的关键技术包括传感器、RFID、GPS (全球定位系统)、自组织网络、传感器网络和短距离无线通信等。感知层必须解决低功耗、低成本和小型化的问题，并且向灵敏度更高、更全面的感知能力方向发展。

感知层是物联网应用的基础，包括传感器等数据采集设备以及数据接入网关之前的传感器网络。如 RFID 标签和用来识别 RFID 信息的扫描仪、视频采集的摄像头、各种传感器以及实现短距离传输技术的无线传感器网络。

(二) 网络层

网络层由各种网络 (包括互联网、广电网、网络管理系统和云计算平台等) 组成，是整个物联网的中枢，负责传递和处理感知层获取的信息。网络层建立在现有通信网和互联网的基础上，综合使用 3G、4G、有线宽带、Wi-Fi 等通信技术，实现有线与无线的结合、宽带与窄带的结合、感知网与通信网的结合。网络层主要进行信息的传递，包括接入网和核心网。网络层要根据感知层的业务特征，优化网络特性，实现物与物之间的通信、物与人之间的通信以及人与人之间的通信，这要求必须建立一个端到端的全局物联网络。

物联网中有很多设备的接入是泛在化的接入，异构的接入，接入网有移动网络、无线接入网络、固定网络和有线电视网络，接入方式多种多样。移动通信网具有覆盖范围广、建设成本低、部署方便、具备移动性等特点，这些特点使移动网络将成为物联网的主要接入方式。通信网络通过多种方式提供广泛的互联互通，形成一个自主的网络，还要连接大的网络，是一个层次性的组网结构，要借助有线和无线技术，实现无缝透明接入。随着物联网业务种类的不断丰富、应用范围的不断扩大、应用要求的不断提高，通信网络会实现从简单到复杂，从单一到融合，从多种接入方式到核心网的整体融合。

(三) 应用层

应用层是物联网和用户的接口，它与行业需求结合，实现物联网的智能应用。物联网应用层分析处理感知数据，为用户提供丰富的应用服务。物联网的应用可分为监控型 (如物流监控、环境监控)、查询型 (如智能检索、远程抄表)、控制型 (如智能交通、智能家居、安全控制)、扫描型 (如手机钱包、园区人车管理) 等。

应用层负责物联网的信息处理和应用，面向各类应用，实现信息的存储、数据的挖掘、应用的决策等，涉及海量信息的智能处理及分布式计算、中间件、信息发现等多种技术。由于传送是由多种异构网络组成的，而物联网的应用是多种多样的，因此在传送层和应用层之间需要有中间件进行承上启下。中间件是一种独立的系统软件或者服务程序，能够隐藏底层网络环境的复杂性，处理网络之间的异构性。分布式应用软件借助中间件在不同的技术应用之间共享资源，中间件是分布式计算和系统集成的关键组件。

三、物联网技术在电力行业中的应用

物联网技术可实现设备数据的自动采集，是实现电网企业智能化运营的重要应用技术之一，可提升电网企业智能化管理水平。

(一) 无线电力抄表

人工抄表不仅耗时耗力，还可能存在数据误差、抄表时间不同步、速度慢等缺点。智能电网时代用户的电力信息更为复杂，电信运营商采用无线电力抄表可大大降低人工成本，减少抄写误差，并远程实现对用电量的监控，便于电网企业及时进行电力传送调度。

(二) 无线设备监控

电网企业的变电站、变压器等配电设备的数量巨大，分布范围广而分散，对数据的实时性和准确性要求较高。采用无线设备可对电力设备的使用情况进行监视，降低电网企业监控设备成本支出，完善电力网络的预警能力和抵抗能力。

(三) 负荷管理系统

电力负荷管理用于实时监控客户 (尤其是100kVA以上的大客户) 的用电负荷、电量等现场信息，具有数据采集、防盗电、控制负荷等功能。在电力紧缺时，应用电力负荷管理系统可以有效地缓解电力供需矛盾，实现有序用电。在电力供需矛盾缓和时，电力负荷管理系统能够改善对客户的服务质量，提高用电管理水平。

(四) 智能巡检管理

线路巡检在电力领域的生产运营和线路维护中具有十分重要的作用。在实际工作中普遍采用人工工作模式，信息少、效率低，无法满足规范化要求。采用智能巡检管理能很好地解决这个对电网企业来说非常棘手的问题，降低维护难度和工作量。

第六节 移动互联网

一、移动互联网概述

(一) 基本概念

移动互联网是互联网与移动通信各自独立发展后互相融合的新兴市场，目前呈现出互联网产品移动化强于移动产品互联网化的趋势。从技术层面的定义来看，以宽带 IP 为技术核心，移动互联网是可以同时提供语音、数据和多媒体业务的开放式基础电信网络；从终端的定义来看，用户使用手机、上网本、笔记本电脑、平板电脑（PAD）、智能本等移动终端，通过移动网络获取移动通信网络服务和互联网服务。移动互联网的核心是互联网，因此一般认为移动互联网是桌面互联网的补充和延伸，应用和内容仍是移动互联网的根本。

(二) 基本特点

虽然移动互联网与桌面互联网共享着互联网的核心理念和价值观，但移动互联网有实时性、隐私性、便携性、准确性、可定位的特点，日益丰富的移动装置也是移动互联网的重要特征之一。从客户需求来看，移动互联网以运动场景为主，业务应用相对短小精悍。移动互联网的特点可以概括为以下几点：

1.终端移动性

移动互联网业务使得用户可以在移动状态下接入和使用互联网服务，移动的终端便于用户随身携带和随时使用。

2.业务使用的私密性

在使用移动互联网业务时，用户所使用的内容和服务更私密，如手机支付业务等。

3.终端和网络的局限性

移动互联网业务在便携的同时，也受到了来自网络能力和终端能力的限制：在网络能力方面，它受到无线网络传输环境、技术能力等因素的限制；在终端能力方面，它受到终端大小、处理能力、电池容量等的限制。无线资源的稀缺性决定了移动互联网必须遵循按流量计费的商业模式。

4.业务与终端、网络的强关联性

由于移动互联网业务受到了网络能力及终端能力的限制,因此,其业务内容和形式也需要适合特定的网络技术规格和终端类型。

(三) 关键技术

1.手机 APP (应用程序) 技术

APP 是 Application 的缩写,通常专指手机上的应用软件,或称"手机客户端"。手机 APP 就是手机应用程序。随着智能手机越发普及、用户越发依赖手机软件商店,APP 开发的市场需求与发展前景也逐渐蓬勃。

2.移动支付

移动支付是指消费者通过移动终端(通常是手机、PAD 等)对所消费的商品或服务进行账务支付的一种支付方式。客户通过移动设备、互联网或者近距离传感直接或间接向银行金融企业发送支付指令,产生货币支付和资金转移,实现资金的移动支付,实现终端设备、互联网、应用提供商以及金融机构的融合。随着移动通信从话音业务转向数字业务,各种移动增值业务层出不穷,而移动支付就是其中的一个亮点。移动支付具有移动性、实时性、快捷性等方面的特点。

3. WAP

WAP (无线应用协议) 是在数字移动电话、互联网或其他个人数字助理机 (PDA)、计算机应用乃至未来的信息家电之间进行通信的全球性开放标准,融合了计算机、网络和电信领域的诸多新技术,旨在使电信运营商、Internet 内容提供商和各种专业在线服务供应商能够为移动通信用户提供一种全新的交互式服务。WAP 只要求移动电话和 WAP 代理服务器的支持,而不要求现有的移动通信网络协议做任何的改动,因而可以被广泛地应用于GSM (全球移动通信系统)、CDMA (码分多址)、TDMA (时分多址)、3G 等多种网络。

4.二维码

二维码,又称"二维条码",它是按一定规律在平面 (二维方向) 上分布的黑白相间的图形,是记录数据符号信息的条码。常用的码制有 Data Matrix、Maxi Code、Aztec、QR Code、Vericode、PDF417、Ultracode、Code 49、Code 16K 等。在现代商业活动中，通过二维码可实现的应用十分广泛，如产品防伪 / 溯源、广告推送、网站链接、数据下载、商品交易、定位 / 导航、电子凭证、车辆管理、信息传递、名片交流、Wi-Fi 共享等。

互联网行业的发展已经进入一个新阶段，移动互联网技术的发展和运用日益成熟，传统互联网企业已经开始自觉地运用移动互联网技术和概念拓展新业务和方向。无论是传统企业还是互联网企业，想要发挥移动互联网的种种优势和潜力就必须掌握广泛的移动技术和技能，包括 HTML5，多平台 / 多架构应用开发工具、可穿戴设备、高精确度移动定位技术，新的 Wi-Fi 标准、高级移动用户体验设计、企业移动管理等。

二、移动互联网技术在电力行业中的应用

(一) 移动信息化管理

电网企业往往具有办公场所分散、人员移动性强等特点。采用移动信息化管理可为员工提供便捷的移动信息访问服务，配合相应的软件，员工可以随时登录内网，完成前线受理业务和后台集中技术、收发内部邮件、批转公文、信息查询等各种办公操作。

(二) 移动抢修作业

在运维一体化、检修专业化的"大检修"要求下，借助互联网与移动应用技术，建立生产管理现场运行检修"互联网＋"新模式，一方面，可实现线路巡视、运行维护、设备倒闸操作、维护类检修等一体化管理，实时反馈信息，以及检修全过程的电子化处理；另一方面，可针对配电设备故障识别，结合 PMS、电网 GIS、调度自动化、营销、95598 配网抢修、用电采集等数据进行综合分析，构建故障设备信息库，为运维检修提供智能分析，增强电网运行可靠性。

(三) 发挥"线上线下"联动作用，提供"一站式"业扩报装服务

充分调动线上线下资源，线上全天候受理，线下一站式办理，发挥部

门联动作用，降低业务响应时间，提供更加智能、便捷、高效的业扩报装服务。用户基于微信、"掌上电力"等线上渠道办理业务，后台工单调度资源池通过精益规划、智能匹配及科学调度，自动派送任务到相关人员，安排其进行现场作业，现场人员通过移动作业终端，在客户现场完成信息验证、确定服务方案、签订电子化合同、安装计量装置、通电等业务流程，突破企业内网限制，实现处理结果与信息的实时上传；客户则可随时在线上查看办理进度、作业地理轨迹、处理方案并进行服务评价，完成闭环一站式业扩报装服务体验。

第七节　人工智能

一、理解人工智能

人工智能是计算机科学的一个分支，是研究、开发用于模拟、延伸和扩展人的智能的理论、方法、技术及应用系统的一门新的科学。人工智能最初是在 1956 年被提出的。从那之后，研究学者们提出了众多理论和原理，人工智能的概念也随之扩展。人工智能融合了计算机、心理学、哲学等多个学科的知识，涉及机器人、语言识别、图像识别、自然语言处理和专家系统等众多领域，目标是使机器能够胜任一些通常需要人类智能才能完成的复杂工作。

人工智能科学的具体目标随着时代的变化而发展。它一方面不断获得新的进展，一方面又转向更有意义、更加困难的目标。目前，能够用来研究人工智能的主要物质手段以及能够实现人工智能技术的机器就是计算机，人工智能的发展历史是和计算机科学与技术的发展史联系在一起的。除了计算机科学以外，人工智能还涉及信息论、控制论、自动化、仿生学、生物学、心理学、数理逻辑、语言学、医学和哲学等多门学科。人工智能学科研究的主要内容包括知识表示、自动推理和搜索方法、机器学习和知识获取、知识处理系统、自然语言理解、计算机视觉、智能机器人、自动程序设计等。

二、人工智能的发展与挑战

(一) 人工智能的发展阶段

无论是简单的石器工具还是内燃机、电动机，都代替和节约了人的体力，而电子计算机的出现则使人感到机器也可能代替和节约人的一部分智力。人工智能作为探讨人脑和心智原理的尖端科学和前沿性的研究，半个多世纪以来经历了艰难曲折的发展过程，大致上可以划分为三个发展阶段：第一个阶段是以控制论、信息论和系统论作为理论基础，对人工智能开始探索的时期。1950 年，英国数学家图灵在《心智》杂志上发表了论文《计算的机器与智能》，提出了机器可以思维的问题，直接推动了现代人工智能的发展。第二个阶段被称为"经典符号时期"。这一时期，人工智能与认知心理学、认知科学开始了"相依为命"的发展历程。第三个阶段被称为"联结主义时期"，其特点是采用分布处理的方法，通过人工神经网络来模拟人脑的智力活动。

(二) 人工智能研究面临的挑战

尽管计算机类比为我们探讨人脑的心智过程提供了不少的知识，但人脑的工作原理又与计算机有本质的区别。正如冯·诺依曼所指出的：计算机和人脑的工作原理非常不同，计算机是离散的，遵循布尔逻辑，按照预定的程序得出精确的可以重复的结果；人脑是非离散的，遵循复杂的、依赖历史文化经验的逻辑，会得出近似的不确定的结果。

人工智能的发展面临来自下列几方面的挑战：一是生态学方面的挑战。生态学认为，独立于生态环境的内部表征不能揭示人的认知本质。人类完成现实任务的过程不是一种逻辑的、理性的、按部就班的符号处理，而是使用启发式、表象的、模糊的、近似的和不同策略的处理方式。二是社会学的挑战。社会学认为，人工智能千方百计地避免了社会文化因素和历史经验以及情感对人类认知过程的影响。三是现象学的挑战和解释学的挑战。现象学认为，电脑没有考虑人类思维或认知过程中意识的作用。计算机，尤其是早期的物理符号加工模式，不涉及意识的现象性、意向性和内省性等问题。此外，解释学认为，人工智能多注重认知的实验性和实证性，但有待加强其理论概括和解释性。

面对来自生态学、社会学、现象学和解释学等方面的挑战，人工智能的发展趋势是日益关注影响认知的社会因素，从进化和发展的新视角，采用统一认知架构的方法来探讨认知的原理。所谓认知架构，大致上是指建立在概念、方法和数据基础之上的组织性架构。近期关于认知架构讨论的一个重要方面是如何确认电脑的认知本质，例如，因特网就算是一个基本框架。人工智能需要把我们的目标从精确、没有错误但彼此孤立的系统变成有弹性的、协作的系统。一味地扩展电脑的刚性模式是注定要失败的。

三、人工智能的关键技术

计算机视觉、机器学习、自然语言处理、机器人和语音识别是人工智能的五大核心技术。

(一)计算机视觉

计算机视觉是指计算机从图像中识别出物体、场景和活动的能力。计算机视觉技术运用由图像处理操作及其他技术所组成的序列，将图像分析任务分解为便于管理的小块任务。比如，一些技术能够从图像中检测到物体的边缘及纹理，分类技术可被用作确定识别到的特征是否能够代表系统已知的一类物体。

计算机视觉技术的应用十分广泛，如医疗成像分析技术被用来进行疾病预测、诊断和治疗；人脸识别技术被用来自动识别照片里的人物，在安防及监控领域被用来指认嫌疑人。机器视觉作为相关学科，泛指在工业自动化领域的视觉应用。在这些应用里，计算机在高度受限的工厂环境里识别生产零件一类的物体，相对于寻求在非受限环境里操作的计算机视觉来说，目标更为简单。计算机视觉是一个正在进行中的研究，而机器视觉则是"已经解决的问题"，是系统工程方面的课题而非研究层面的课题。

(二)机器学习

机器学习指的是计算机系统无须遵照显式的程序指令，而只依靠数据来提升自身性能的能力。其核心在于，机器学习是从数据中自动发现模式，模式一旦被发现便可用于预测。比如，给予机器学习系统一个关于交易时间、商家、地点、价格及交易是否正当的信用卡交易信息的数据库，系统就会学习到可用来预测信用卡欺诈的模式。处理的交易数据越多，预测就会越准确。机器学习的应用范围非常广泛，针对那些产生庞大数据的活动，它几乎拥有改进一切性能的潜力。除了欺诈甄别之外，机器学习所针对的活动还包括销售预测、捆绑销售、库存管理、石油和天然气勘探以及公共卫生等。机器学习技术在其他的认知技术领域也扮演着重要角色，比如计算机视觉，它能在海量图像中通过不断训练和改进视觉模型来提高其识别对象的能力。

四、人工智能技术在电力行业中的应用

与互联网一样，人工智能技术将会向所有产业渗透，如军事、传媒、电力、家居、医疗健康、生命科学、能源、公共部门等，甚至包括受 VR/AR（虚拟现实与增强现实）技术发展影响而产生的虚拟产业。目前，人工智能技术在电力行业中的应用包括以下方面。

(一) 机器人超高压巡检

超高压输电线路巡检目前主要采用人工巡检作业方式，劳动强度大，费用多且危险性高。随着工业的发展，电网容量的增大，额定电压等级的提高，电力系统输电线路污闪事故的问题日益突出，检测高压输电线路的不良绝缘子已成为国内外电力部门关注的重点。利用机器人对超高压运行状况予以诊断，其所带摄像头及智能检测仪器可对疑似隐患部位进行拍照、录像，实时传至监控后台，由专业人员进行再次分析确认，不漏掉任何一处异常隐患，可提高巡线效率，降低巡检成本，提高作业安全性，保护自然环境。

(二) 电力供需平衡调节

电网公司拥有将电力输往各地的基础设施。随着风能、太阳能等间歇性可再生能源的大量使用，公司要发挥其平衡电网供需矛盾的作用变得更加困难，因为这些间歇性能源受环境因素的影响，没有火电、核电的稳定性，需要更加智能和灵敏的电力系统加以调节。预测性机器学习技术在帮助电力

系统减少对环境的依赖方面具有巨大潜力，可以更准确地预测需求模式，并更有效地平衡电力系统的供需矛盾。今后，企业可以利用机器学习预测技术预测电力需求和供应的高峰，从而帮助电网公司最大限度地利用可再生能源。

(三) 电力窃漏电用户智能识别

基于大数据和云计算等高新技术，针对电力窃漏电问题，可实现电力窃漏电用户智能识别以及窃漏电智能监测，促进电网柔性运营及效益提升。一方面，基于大数据集成与共享技术，采集各相电流、电压、功率因数、线损、电量异常、负荷异常、终端报警等数据，采用神经网络、随机森林、支持向量机等挖掘算法构建窃漏电用户智能识别模型，可以提取窃漏电用户关键特征，进行在线智能识别；另一方面，基于智能电表开发电力智能集控锁系统，可以对电表计量箱柜的锁具进行远程控制，同时还可设置网络地图信息和 GPS 卫星定位服务功能，使信息实时反馈到后台服务器，帮助检查人员有效地实施窃漏电智能监测。

第八节　VR 技术

一、VR 技术概述

VR 技术 (虚拟现实技术) 是在计算机图形学、计算机仿真技术、人机接口技术、多媒体技术以及传感技术的基础上发展起来的虚拟技术交叉学科。该技术的研究始于 20 世纪 60 年代，到 20 世纪 90 年代初，虚拟现实技术开始作为一门较完整的技术体系而受到人们的关注。它的兴起，为人机交互界面的发展开创了新的研究领域，为智能工程的应用提供了新的界面工具，为各类工程大规模的数据可视化实现提供了新的描述方法。

(一) 基本概念

虚拟现实是通过计算机对复杂数据进行可视化操作与交互处理的一种全新方式，与传统的人机界面以及流行的视窗操作相比，它在技术思想上有了质的飞跃。虚拟现实中的"现实"泛指在物理意义上或功能意义上存在于世界上的任何事物或环境,它可以是实际上可实现的,也可以是实际上难以实现的或根本无法实现的;而"虚拟"是指用计算机生成。

虚拟现实是利用计算机生成一种模拟环境,通过多种传感设备使用户"投入"该环境中,并操作、控制环境,实现用户与该环境直接进行自然交互的技术。从本质上理解,虚拟现实是一种先进的计算机用户接口,它通过给用户同时提供诸如视、听、触等各种直观而又自然的实时感知交互手段,最大限度地方便用户的操作,从而减轻用户的负担,提高整个系统的工作效率。它的内涵在于综合利用计算机图形系统和各种现实及控制等接口设备,在计算机上生成的可交互的三维环境中提供沉浸感觉。其中,计算机生成的可交互的三维环境被称为虚拟环境。

(二) 主要特征

VR 可以使计算机产生一种人为虚拟的环境,这种虚拟的环境是通过计算机图形构成的三维空间,或是把其他现实环境编制到计算机中而产生的逼真的"虚拟环境",从而使用户在视觉上产生一种沉浸于虚拟环境的感觉。虚拟现实技术具有以下四个重要特征:

1.多感知性

所谓多感知性,就是说除了一般计算机所具有的视觉感知外,还有听觉感知、力觉感知、触觉感知、运动感知,甚至包括味觉感知、嗅觉感知等。理想的虚拟现实就是应该尽可能多地调动人所具有的感知功能。

2.存在感

存在感又称"临场感",它是指用户感到的作为主角存在于模拟环境中的真实程度。理想的模拟环境应该达到使用户难以分辨真假的程度。

3.交互性

交互性是指用户对模拟环境内物体的可操作程度和从环境中得到反馈的自然程度(包括实时性)。例如,用户可以用手去直接抓取环境中的物体,这时手有握着东西的感觉,并可以感觉物体的质量,用户视线中的物体也随着手的移动而移动。

4.自主性

自主性是指虚拟环境中物体依据物理定律动作的程度。例如，当受到力的推动时，物体会向力的方向移动或翻倒、从桌面落到地面等。

（三）VR 系统的组成

VR 技术具有超越现实的虚拟性。VR 系统的核心设备仍然是计算机，功能是生成虚拟境界的图形，主要由以下几个部分组成。

（1）效果发生器：效果发生器是完成人与虚拟环境交互的硬件接口装置，包括使人们产生现实沉浸感的各类输出装置，如头盔显示器、立体声耳机等；还包括测定视线方向和手指动作的输入装置，如头部方位探测器和数据手套等。

（2）实景仿真器：实景仿真器是 VR 系统的核心部分，指计算机软硬件系统，包括软件开发工具及配套硬件，其任务是接收和发送效果发生器所产生或接收的信号。

（3）应用系统：应用系统是面向不同的虚拟过程的软件部分，描述虚拟的具体内容，包括仿真动态逻辑、结构，以及仿真对象之间和仿真对象与用户之间的交互关系。

（4）几何构造系统：几何构造系统提供描述仿真对象的物理属性，如形状、外观、颜色、位置等信息，应用系统在生成虚拟世界时，需要这些信息。

（四）关键技术

VR 是多种技术的综合，其关键技术和研究内容包括①动态环境建模技术；②实时三维图形生成技术；③立体显示和传感器技术；④应用系统开发工具；⑤系统集成技术。

二、VR 技术在电力行业中的应用

VR 技术应用前景广阔，如今已被广泛运用到科技、商业、电力、医疗、娱乐等多个领域中，比如在科技馆中，利用虚拟现实技术，可以真实再现外星球星体表面的地况，演示其结构和运动过程；在电力应用方面，VR 技术可以在虚拟现实世界中构建全数字化电网等。

(一) 设备特巡应用

电网设备特巡工作是为了大力排查和消除危及电网设备安全运行的各类隐患，确保电网安全稳定运行，是电网公司的重要任务之一。设备特巡包括高低压配网线路设备、公用变台区、配电箱、易受外力破坏的隐患等方面的全面巡查，任务精细繁重。近年来，国家电网有限公司将 VR 技术运用到变电站设备特巡工作中，对变电站通信机房进行了全景高精度建模，创建了虚拟世界与真实世界的数据通道，实现了对现场设备的实时监测和远程遥控。VR 技术已在隐患排查工作中成功应用，未来也必将在电网日常生产中发挥更大的作用。

(二) 特高压技术培训应用

目前，出于对特高压变电站安全运行的考虑，其相关培训还不能随意安排在变电站现场。通过虚拟现实技术，经过选题策划、现场拍摄、建模制作、资源合成等步骤，可以制作特高压交流变电站 VR 学习场景。在该场景中，学员戴上 VR 眼镜，即可通过空中俯视或地面环视等多种视角，了解特高压变电站的构造原理，不仅可以近距离"接触"特高压设备，还可以通过环视，全方位地看到变电站场景，获得真实的现场体验。2016 年，国网江苏省电力公司电力科学研究院培训中心率先将虚拟现实技术应用到特高压技术培训之中，有效推进了虚拟现实技术在电网企业中的应用。

参考文献

[1] 中国电机工程学会.新型电力系统导论[M].北京：中国科学技术出版社，2022.

[2] 顾丹珍，黄海涛，李晓露.现代电力系统分析[M].北京：机械工业出版社，2022.

[3] 秋野.电力系统分析[M].北京：机械工业出版社，2022.

[4] 张恒旭，王葵，石访.电力系统自动化[M].北京：机械工业出版社，2021.

[5] 王信杰，朱永胜.电力系统调度控制技术[M].北京：北京邮电大学出版社，2022.

[6] 国网天津市电力公司.特高压接入省级电网的安全分析与预防技术[M].北京：中国电力出版社，2020.

[7] 郭廷舜，滕刚，王胜华.电气自动化工程与电力技术[M].汕头：汕头大学出版社，2021.

[8] 吴新开.电力电子技术及应用[M].北京：机械工业出版社，2023.

[9] 万炳才，龚泉，鲁飞，等.电网工程智慧建造理论技术及应用[M].南京：东南大学出版社，2021.

[10] 赵年立，胡广润.电网小型基建项目智慧工地建设指南[M].徐州：中国矿业大学出版社，2020.

[11] 应泽贵，邹仕富，李杰，等.智慧物联技术与电网建设[M].郑州：黄河水利出版社，2023.

[12] 苏秉华.智慧电网实践[M].北京：人民邮电出版社，2019.

[13] 胡红彬，邹仕富，李忠.智慧物联技术与电网建设[M].成都：电子科技大学出版社，2022.

[14] 沈力.基于大数据的智慧电网技术[M].北京：清华大学出版社，2019.

[15] 国网浙江省电力有限公司.互联网＋电力营销服务产品孵化 [M].北京：中国电力出版社，2022.

[16] 国网浙江省电力有限公司.互联网＋电力营销服务产品运营 [M].北京：中国电力出版社，2020.

[17] 李湘旗，肖振锋，徐志强，等.面向能源互联网的电力通信网规划研究 [M].北京：中国电力出版社，2022.

[18] 周霖，乔刚，茅家武，等.东部复杂山岭地区单线电气化铁路综合建造技术研究 [M].成都：西南交通大学出版社，2021.

[19] 铁道部人才服务中心，铁道部人才服务中心.电气化铁路技术 [M].北京：中国铁道出版社，2021.

[20] 胡海涛，陈俊宇，何正友，等.电气化铁路再生制动能量利用 [M].北京：科学出版社，2023.

[21] 比泽内克.电气化铁路牵引供电系统 [M].北京：中国铁道出版社，2019.

[22] 李丹.电力机车制动系统 [M].北京：人民交通出版社，2023.

[23] 李作奇，罗林顺.电力机车牵引与控制 [M].成都：西南交通大学出版社，2022.

[24] 李学武.电气化铁路牵引供变电技术 [M].3 版.北京：化学工业出版社，2021.

[25] 郑玉糖，贾亮，王小松.电气化铁路牵引供电技术探究 [M].延吉：延边大学出版社，2023.